白色莫斯科

Ecological Expedition in
White Moscow

主　编　刘晓俏

副主编　刘存福　肖　雄

北京理工大学出版社

BEIJING INSTITUTE OF TECHNOLOGY PRESS

图书在版编目（CIP）数据

白色莫斯科 = Ecological Expedition in White Moscow ／ 刘晓俏主编 . —北京：北京理工大学出版社，2018. 11

ISBN 978－7－5640－8143－0

Ⅰ.①白…　Ⅱ.①刘…　Ⅲ.①生态环境 - 科学考察 - 概况 - 莫斯科　Ⅳ.①X321.512

中国版本图书馆 CIP 数据核字（2018）第 267692 号

出版发行 /北京理工大学出版社有限责任公司
社　　址 /北京市海淀区中关村南大街 5 号
邮　　编 /100081
电　　话 /（010）68914775（办公室）
　　　　　（010）82562903（教材售后服务热线）
　　　　　（010）68948351（其他图书服务热线）
网　　址 /http：// www. bitpress. com. cn
经　　销 /全国各地新华书店
印　　刷 /北京市雅迪彩色印刷有限公司
开　　本 /710 毫米 × 1000 毫米　1/16
印　　张 /7
字　　数 /95 千字
版　　次 /2018 年 11 月第 1 版　2018 年 11 月第 1 次印刷
定　　价 /39. 00 元

责任编辑 /龙　微
文案编辑 /龙　微
责任校对 /杜　枝
责任印制 /李志强

　　"生态文明"是指人类社会在改造自然、造福自身的过程中为实现人与自然的和谐所付出的努力及其获得的全部积极成果。生态文明是人类在改造客观世界的同时，改善和优化人与自然的关系，建设科学有序生态运行机制，体现了人类尊重自然，利用自然，保护自然，与自然和谐相处的文明理念。十八大报告指出："建设生态文明，是关系人民福祉、关乎民族未来的长远大计。面对资源约束趋紧，环境污染严重、生态系统退化的严峻形势，必须树立尊重自然、顺应自然、保护自然的生态文明理念，把生态文明建设放在突出地位，融入经济建设、政治建设、文化建设、社会建设各方面和全过程，努力建设美丽中国，实现中华民族永续发展。"这一重要论述反映了党对人类社会发展规律、对社会主义建设规律认识的再深化，标志着我们党对经济社会可持续发展规律、自然资源永续利用规律和生态环境规律的认识进入了一个新的境界。加强生态文明建设，对于全面建成小康社会，实现我国经济社会可持续发展和中华民族伟大复兴具有极其重要的意义和作用。因此，当代大学生应切实肩负起时代和历史的责任，以生态文明为发展导向，努力向社会主义文明新时代迈进！

　　社会实践是素质教育的重要组成部分，也是倡导学生在读书学习的同时走出课堂、走向社会的举措。社会是另一个重要的学校和课堂，生活是另一种重要的课程和教材，实践是另一种重要的学习方式和途径。社会生活和社会实践就是无字之书，对于大学生的成长和成才具有同等重要的意义。社会实践能够促进大学生的全面发展，让大学生更好地融入当今社会。参加社会实践不仅可以学到丰富的课外知识，也可以把课堂理论知识同社会实践联系起来，加深对课堂学习内容的理解。更重要的是，社会实践既可以很好地培养和锻炼大学生的实践能力，又可以加深大学生对社会的了解，培养大学生的社会责任感。作为砥砺心性的重要教育手段，社会实践已然成为当前促进大学生群体思想成长和素质提升的一种重要手段。

在北京理工大学各类社会实践中，有这样一个响亮的品牌，十年来它见证过祖国的大河湿地、西北戈壁、沙漠绿洲和热带雨林，也曾远赴大洋彼岸感受过北美生态，这就是生命学院在全校各部门的支持下，凝聚十年心血全力打造的"探索自然、服务社会、感受文化、孕育创新"的学生主题社会实践活动——"生态科考"。自2004年起，生态科考陪伴以生命学院为主的无数科考团队成员一起走过了十余春秋，足迹遍布国内外，不仅使一批又一批生态科考队员得到锻炼，也为我国生态文明建设做出了诸多贡献。

2016年已经是生态科考开展的第12个年头了。在这一年，北京理工大学生命学院生态科考团的目的地设在了俄罗斯首都莫斯科，科考团队代表北京理工大学出访莫斯科的最高学府——莫斯科大学（全称为国立莫斯科罗蒙诺索夫大学）。这是继2010年赴加拿大生态科考之后的又一次国际生态科考。此次科考开启了北京理工大学与莫斯科大学的交流大门，是生态科考国际化的重要一步，也是生态科考转向内涵式发展的重要标志。

本次生态科考为期5天，期间生态科考团队与历史悠久的莫斯科大学生物学院进行了深切交流。生态科考团队与莫斯科大学生物学院院长Kirpichnokov、生物学院副院长Kitashov、地理学院副院长Sergey Chalov、主要学科领域学术带头人Zamolodchikov教授、Vladimirovich教授等针对生命科学、环境生态科学等方面的成果进行了交流。在中俄文化交流进一步加强的时代背景下，生态科考把握深圳北理莫斯科大学建设的历史机遇，依托双方学科各自特长优势，在学生国际化培养、大学生国际交流、教师国际交流以及科研项目合作四个领域展开长期稳定的合作。而北京理工大学生命学院也将进一步推进固定交流机制，带动两校之间的学术科技交流。

在科考过程中，生态科考队的5位队员共同探索了多个方向、包含自然科学以及社会科学两个大方向的总共8个课题，对莫斯科的河流、土壤、教育、建筑、环境等方面进行了初步的探索。在5天短暂的生态科考过程中，队员采集了莫斯科河的水样，收集了莫斯科植物园、兹维尼格勒生态站等地的土壤，与莫斯科大学的教师针对莫斯科的生态进行了探讨，走进了莫斯科大学的校园，以及它的博物馆。5天的生态科考是短暂且充实的，每一天的科考都会以全面而深刻的例会结束，总结当天的科考任务，对第二天的路线规划、任务分配进行商讨与安排。在每一天的科考中，科考队员们都收获颇丰，思想的碰撞让队员们看到了别人身上的闪光点，从而取长补短；美丽的景象让队员们享受了大自然对人们的馈赠；科考课题的探索让队员们学会了如何研究一些并不熟悉的方向；与莫斯科大学老师、同学的交流让队员们更好地了解了他们的科研、学习及生活。

从2004年到2016年，生态科考迈过12年历程，从最初的艰辛，到2015年获得"挑战杯"国家级特等奖的辉煌成就，期间无数人为之挥洒过辛勤的汗水。生态科考已经成为一种精神，而这种精神必将继续传承，激励无数后来人参与其中，从而能够让更多人为我国生态文明建设贡献自己的力量。莫斯科生态科考是与莫斯科大学科考合作的开始，今后的生态科考将会与莫斯科大学继续展开合作，为两国的环境生态建设做出贡献。

冰天雪地，或沙漠绿洲，处处可见它的足迹；华夏神州，或大洋彼岸，都曾留下它的身影。这便是生态科考，将生态文明与社会实践紧密结合起来，以它独特的魅力吸引大家深入其中。走近它，才会发现它的美；深入它，才能领悟其中的真谛。让我们一起走进生态科考，走进莫斯科之行，一起体验其中的神奇与美好，探索其中的真理与奥妙！

Contents

白 色 莫 斯 科 |**目录**

Contents

白 色 莫 斯 科 | **目录**

Ecological
Expedition in
White Moscow

白 色 莫 斯 科

Part 1

知行合一篇

导　言

十余年生态科考，见证生态多样化奇迹。新起点，新征程，2016年年初，北京理工大学生态科考团开启了赴俄罗斯莫斯科的生态科考之旅。

冬季的莫斯科，一片片飞舞的雪花，生动灵气。虽天气寒冷，但科考队员们心如热火，皑皑白雪的城市里，遍布科考队员的脚印。清晨繁忙的地铁，唤醒这座城市一天的朝气，宏伟壮观的红场，人来人往的莫斯科大学，庄重典雅的博物馆，活力四射的生态站……不似想象中冬季的萧瑟，这座城市正孕育着希望与活力，待来年一展芳华。

寒冷的冬天并没有阻挡队员们的热情，在队员们精心的规划下，科考任务有条不紊地进行着。在莫斯科大学相关负责人的带领下，队员们参观了莫斯科大学的地质博物馆、生物博物馆，完成了水质检测、河岸建设考察、地铁文化研究等自然科学、社会科学类项目。闲暇之余，科考团还去往莫斯科红场等地标性建筑切身体验了这座城市深厚的文化底蕴。

时间虽短，但收获不浅，除了圆满完成学术考察的任务之外，在异国他乡的队员们不畏严寒，勇于创新，还顺利进行了历史文化的考察，再一次展现了生态科考团员们良好的精神风貌。

初到莫斯科——学术交流展风采

　　2016年1月11日，生态科考团抵达俄罗斯首都莫斯科，开始为期5天的考察交流活动。此次考察交流是北京理工大学继2010年赴加拿大生态科考之后实施的第二次国外科考。同时，本次生态科考访问了俄罗斯国立莫斯科罗蒙诺索夫大学，成为首个赴莫斯科大学开展交流调研的北理工学生团队。

　　生态科考作为学生"探索自然、服务社会、感受文化、孕育创新"的社会实践活动，在过去的十一个年头里，开展了红色科考、创新科

考、国际化科考、文化科考四个系列活动。2016年赴莫斯科开展生态科考是国际化科考系列的延续，同时也是生态科考转向内涵式发展的重要标志。

当地时间2016年1月11日，生态科考团首先对莫斯科大学进行了考察交流。莫斯科大学生物学院院长Kirpichnokov、生物学院副院长Kitashov、地理学院副院长Sergey Chalov、主要学科领域学术带头人Zamolodchikov教授、Vladimirovich教授等与北理工生态科考团师生一道进行了亲切的交流座谈。双方介绍了各自学校的办学历史与学科特色，特别介绍了在生命科学、环境生态科学等领域的研究成果与特色。

莫斯科大学生物学院是于1930年在莫大物理数学系生物组的基础上建立起来的，目前拥有12名俄罗斯科学院院士、6名通讯院士、50多名教授。生物学院有24个教研室、7个专题实验室、50多个教学科研实验室、2个生物站。在俄罗斯科学院"普奥生物研究中心"有生物系分系。

生态科考团带队指导老师李艳菊表示，希望在中俄文化交流进一步加强的时代背景下，充分把握深圳北理莫斯科大学建设的历史机遇，依托双方学科各自特长优势，在学生国际化培养、大学生国际交流、教师国际交流以及科研项目合作四个领域展开长期稳定的合作，特别是在学生生态科考方面，希望能够率先形成固定机制，进一步带动学生的科研热情。

莫斯科大学参会教师表示，他们曾多次到访中国深圳，深圳的快速发展给他们留下了深刻的印象，他们对中俄院校间的合作有坚定的信心与很大的期望。两校相关领域之间的交流，将进一步加强国际院校之间的沟通合作，此次对莫斯科当地生态的考察是彼此合作的第一步。莫大生物学院欢迎中国同行未来派遣学生参与莫斯科大学的北极白海生物站、远东生物站、极地科考，也会积极派遣学生参加北理工生态科考活动并完成温热带地区的教学与研究。

座谈交流结束后，科考团参观了莫斯科大学校史馆和自然地理博物馆。

　　在接下来的4天里，在莫斯科大学生物学院的支持与帮助下，生态科考团在兹维尼格勒生态站、莫斯科河沿岸开展了"莫斯科河微生物群落结构与水质关系""俄罗斯生态保护法律规制"等多个自然科学和人文社科的课题研究。

深入莫斯科——取样座谈共合作

当地时间2016年1月12日，科考团赴兹维尼格勒生态站开展了生态科考，并就科考团成员今后参与生态站国际交流等事项与莫大进行了交流座谈。

兹维尼格勒生态站最早兴建于1905年，1945年起隶属于国立莫斯科罗蒙诺索夫大学生物学院，距莫斯科市区直线距离50千米。该生态站面积广阔，植被覆盖率高，同时毗邻莫斯科河上游，生态环境十分适宜开展动植物基础研究及生态学领域的研究。生态站建有教室、实验室、动植物博物馆、图书馆及相关生活设施，能够容纳300余人同时学习、生活。每年莫斯科大学生物学院新生须在此学习、生活70天，开展生命学科领域基础实验能力、科研实践能力等方面的训练。近年来，该生态站还成为莫斯科大学生物学院开展国际交流的一个重要平台。

到达生态站后，科考团参观了博物馆、实验室，调研了生态站相关的

基础数据，并对生态站的实验特色进行了访谈。

随后，科考团各小组结合课题设计，分别在多个地点采集水样、土壤样本、植物样本等，并在现场进行了简单的测试，记录了相关的实验数据。在零下30℃的严寒及风雪天气下，莫斯科河结冰厚度50余厘米，水样采集难度非常大，科考队员与同在生态站科考的美国、俄罗斯、克罗地亚学生一起，共同完成了水样及水体下相关物质的采集。

取样结束后，来自中国、美国、俄罗斯等国的师生进行了座谈。莫斯科大学生物学院副院长Kitashov介绍了生态站的运行情况，特别是开展国际交流合作的情况。他向科考团发出邀请：自2016年暑假起，每年可派学生到生态站开展相关研究工作。随后，科考团还走上了莫斯科街头，针对人文社科类课题进行了研究。

道别莫斯科——分组调研齐并进

当地时间2016年1月13日，北理工生命学院赴莫斯科生态科考进入第3天。

上午，科考团一行人来到毗邻莫斯科红场的莫斯科大学最初校址。该建筑始建于1902年，目前是莫大亚非学院的办公地点。在莫大老校址的西侧是莫斯科规模最大、历史最悠久的莫斯科大学动物博物馆。博物馆的藏品大多为动物学的重大发现、俄罗斯著名动物学家的活动及各种相关的科学出版物。博物馆全面展示了物种的多样性，涵盖了地球上几乎所有的动物种类，约有10 000种藏品，包括鸟类、鱼类、昆虫等。这里有30 000多种标本、剥制标本，其中有已经灭绝的斯特拉海牛（斯氏海牛）的骨骼标本、塔斯马尼亚虎的剥制标本等珍奇物品，以及世界闻名的、博物馆"镇馆之宝"——4.5万年前的猛犸剥制标本。它于1900年

在雅库特的别廖佐夫卡河河岸的冻土地中被发现，体毛仍然清晰可见。此外，这里还展示了出生3～4个月的猛犸木乃伊。

在博物馆员刘金涅夫·图瓦教授的带领下，科考团参观了博物馆的三

个展区，重点了解了俄罗斯气候水文与动物进化及生物多样性之间的关系，同时还了解了博物馆在开展青少年科普中的相关做法。

下午，科考团根据生态科考的各项课题进行分组调研。科考团1组在莫斯科大学植物园进行参观调查。该植物园占地面积近50公顷，有300多年的历史，是俄罗斯历史最为悠久的植物学科学园。园内管理员带领队员们在棕榈树植物区、草系植物区、松柏植物区等多个区进行了参观，并介绍了园区的历史、植物种属分布、种属数量、种属来源等情况，尤其在耐寒、耐旱植物种属及其特点上做了详细说

明。1组就俄罗斯生态法律规范在莫大调取了有关原文条文及案例。2组调研了莫斯科公共交通枢纽的建设与布局，俄罗斯代表性建筑风格以及莫斯科绿化植被覆盖率、主要品种以及养护情况。连日来的大雪还让科考队员们有机会观察调研了极端天气下市政交通的应急机制。

在生态科考的基础上，队员们对莫斯科的风土人情、历史沿革也有了进一步的了解，为相关课题的深入研究奠定了基础。

Part 2

格物致知篇

导　言

2016年1月，新年伊始，北京理工大学生态科考队再次起程，前往北国之都——俄罗斯莫斯科，进行生态科考活动。此次生态科考历经了长达近一年的准备期，最终来自北理工生命学院、法学院、经济与管理学院的8名师生，带着对跨国生态科考的憧憬和向往，肩负着中俄两校国际交流的重任，开启了北京理工大学赴俄罗斯莫斯科生态科考的国际之旅。

一月的莫斯科，白雪飘飘。科考队员们面对零下十几度的严寒，踏雪而行：

参观莫大校园，感受百年名校底蕴；

相逢俄国同学，共结中俄青年友谊；

漫步冰雪森林，陶醉冬之童话世界；

采集水土样本，完善科考课题成果；

游览市区风光，领略独特人文风情。

短短5天的生态科考，每位队员收获的不仅是科学研究和人文调查的数据资料，还收获了两国科研人员之间的友谊。科考已经结束，但是此次科考带给队员们的思考和感悟还在延续。

张贺冀，北京理工大学生命学院，2014级生物学专业硕士研究生。

队内工作：担任队长，全面负责莫斯科科考队的沟通协调、活动宣传、团队建设等各项工作。

个人感悟：冰天雪地莫斯科，体会严寒下的生态，感受"战斗民族"的风情，留下一段美好的回忆。

科考队长——张贺冀

辉煌莫大，冰雪莫斯科

——莫斯科生态科考有感

2016年，是生态科考的第12个年头。此次考察交流是北京理工大学生命学院继2010年赴加拿大生态科考之后实施的第二次国外科考。同时，本次生态科考队访问了俄罗斯国立莫斯科罗蒙诺索夫大学，成为首个赴莫斯科大学开展交流调研的北理工学生团队。我很有幸参与了这次的生态科考，同时这也是我第二次参加生态科考。

此次的生态科考过程中，生态科考团首先对莫斯科大学进行了考察交流。莫斯科大学生物学院院长Kirpichnokov、生物学院副院长Kitashov，地理学院副院长Sergey Chalov，主要学科领域学术带头人Zamolodchikov教授、Vladimirovich教授等与北理工生态科考团师生一行进行了亲切的交流座谈。双方介绍了各自学校办学历史与学科特色，特别介绍了在生命科学、环境生态科学等领域教学、科研方面的成果与特色。随后，一行人来到兹维尼格勒生态站开展生态科考，并就科考团成员今后参与生态站国际交流等事项与莫大进行了交流座谈。

作为本次生态科考团队的一员，我随队伍参与了科考的整个过程。在科考的准备及进行过程中，完成了出发前任务的布置，体验到了莫斯科的自然人文风情。针对本次科考，分享一些自己的亲身感受：

一、前期准备过程的一些经验

最初是安排在2015年7月进行为期10天的生态科考，但由于种种原因，科考时间调整到了2016年1月，且只有5天的时间，这个变动使得前期的准备比较困难。在出国前的多次会议中，生态科考队员们确定了各自出发前的任务（路线安排、住宿安排、服装购买、学校的联系、课题的确定、实验试剂的购买等），大家经过高效的讨论以及行动，很好地完成了任务。虽然科考前准备工作完成得很好，但还是感觉时间上有些仓促，因为这次科考与往常不同，并不是在假期进行，大家的时间难以安排，希望以后的生态科考可以对科考时间多加考虑。

二、科考过程的一些经验

由于本次科考的时间紧、任务重，所以第二天的行程安排需要在前一天晚上开会时讨论，将时间、任务安排确定下来。首先说说校际交流。在第一天的行程中，由于带队老师并不精通英语与俄语，故而交流是由学生们帮助翻译完成的，翻译工作是临时通知，因此在交流时出现了一些冷场的情况，造成了一些沟通上的不便。在这种需要和国外大学交流的情况下，我认为应派出更有决定权以及交流能力的老师参与科考项目。由于第一天的失误，我们便调整并安排好了交流时的策略，这使我们在后来的交流中再没有出现第一天的问题。其次说说考察。由于时间有限且时值莫斯科冬季，使得自科类课题的取样难度大大增加，河水结冰、土壤深埋在厚厚的雪下，这些取样问题在准备期间便提出过，也讨论出了些许解决办法，使得我们快速完成了取样，但是由于海关的原因，样品无法带回国内，我们在莫斯科通过快速检测试剂完成了一些指标的检测，然而有一些结果并不是很令人满意，所以在今后的科考中，我们需要考虑：当无法使用实验室环境时，如何对样品进行更好的检测。

三、浅谈莫斯科与北京的差异与参观莫大的感受

2015年对于俄罗斯来说并不是一个幸福的年份，经济制裁、与土耳其交恶使得俄罗斯的经济受到不小的打击。在每日的餐桌上，我们几乎吃不到什么蔬菜，每天的食物主要是面包、红菜汤、肉类、土豆，且吃饭的成本也比较高（感觉性价比最高的餐厅是诸如赛百味、汉堡王这样的西式快餐），而在北京，我们基本可以吃到任何想吃的东西，并且不需要花太多钱。莫斯科的地铁始建于1935年，地铁站的深度和建设的美感难以用语言形容，莫斯科地铁较为明显的缺点是噪声较大（经济问题使得许多地铁使用的是老旧的型号），但莫斯科的地铁文化是值得北京参考借鉴的。在市民素质层面上，在莫斯科的扶梯上人们会自觉地站在右边以便有急事的人从左边快速通过，同时在街上很少看见乱扔垃圾的情况，这些是值得我们学习的。

接下来说说莫大。经过短短5天的科考，我发现：作为俄罗斯最大的大学，莫斯科大学如同我国的中科院，拥有许多的研究站，涉及很多研究方向，其悠久的历史是我们难以比拟的。除研究站之外，莫大还有自己的植物园与博物馆，这些设施不仅可以起到"校史馆"的作用，同时可以为莫大学生的学习提供很直观的帮助，从这一点，我认为我们学校可以建立一些类似军工、机械方面的博物馆，供学生参观学习。

刘柯江，北京理工大学生命学院，2015级生物学专业硕士研究生。

队内工作：担任课题长，负责课题方向的拟定和物资的管理。

个人感悟：此次的生态科考让我学习了莫斯科大学的先进育人理念，感受了俄罗斯的淳朴民风。

科考队员——刘柯江

深入莫斯科，浅谈科考感悟

2016年1月11日，北京理工大学生态科考团抵达俄罗斯首都莫斯科，开始了为期5天的考察交流活动。此次考察交流是北京理工大学生命学院继2010年赴加拿大生态科考之后实施的第二次国外科考。同时，本次生态科考队访问了俄罗斯国立莫斯科罗蒙诺索夫大学，成为首个赴莫大开展交流调研的北理工学生团队。

作为本次生态科考的课题长，我随队伍参与了整个生态科考的过程，在生态科考准备及进行过程中，积累了许多生态科考的经验与教训，也感受了在生态科考方面东西方文化的差异。针对本次生态科考，分享一些自己的感受：

一、科考团队建设

前期筹备过程包括宣传、队员招募、培训、文献调研等过程。其中，宣传要针对全校范围进行，这样可以招募到不同学科背景的优秀同学。在队员招募过程中，要严格选拔，在精而不在多，要招募到能吃苦、能担当、有创新、善于团队协作的队员。本次队员的选拔非常合理，雷博洋同学主修法律专业，有着良好的法律意识，针对这次生态科考，他选择了环保法方向的研究课题。通过法律，了解两个国家之间的差异。另外，他的俄语水平很高，为此次合作交流翻译做出了巨大的贡献。许新月同学有着高超的摄像技术，为此次生态科考的摄像提供了技术和专业设备支持，后期的图片处理也全是由她一人完成。队员之间优势互补，使得这次生态科考得以顺利完成。

出发前一个月，我们进行了多次会议，以探讨我们的准备活动以及课题。我们为每一位队员进行了分工：雷博洋负责与莫斯科大学的交流沟通；许新月负责礼物的采购、队员装备的置办；窦文韬负责路线的规划；刘柯江负责课题的确定；张贺冕担任队长，负责协调队员工作以及监督队员工作进度。几次会议后，所有队员都完成了自己的既定任务，准备工作十分顺利。

生态科考是在俄罗斯莫斯科举行，因此在生态科考前期准备活动妥当之后，要提前办理签证，合理规划时间，制订生态科考的日程安排，并精确到每一天、每一人。特别是在俄罗斯期间，要对没有生态科考的时间段进行合理安排。另外，也要注意安全。

二、莫斯科大学印象

由于教育制度的不同，办事理念方式风格也千差万别。此次生态科考涉及与莫斯科大学建立合作项目，莫斯科大学生命学院领导以细致的、可马上实行的交流活动为主要探讨话题与我方进行沟通。而我们北京理工大学生命学院则是看中双方的合作态度，至于细微的工作通常被忽略，提出的都是宏观理论，为双方合作提供大的框架。双方在此基础上相互理解、相互学习。

对莫斯科大学印象最深的是，莫大非常重视对学生生态方面的教育。

莫斯科大学有两个生态站。其中兹维尼格勒生态站最早兴建于1905年。该生态站面积辽阔，植被茂密，毗邻莫斯科河上游，生物多样，方便学校学生对其进行考察研究。这极其有效地提高了学生们对生态保护的意识。学校还建有生物博物馆、地质博物馆，学校主楼多个楼层用于陈列珍贵的动植物标本、岩石标本、地质模型以及来自全国各地的土样。

莫斯科大学生物学院与北京理工大学生命学院设有的专业方向差异很大。莫斯科大学生物学院主要以生态学为主，宏观的研究比较多。生物多样性、植物分类、环境保护、地理地质方向的专业比较多。而我们北京理工大学生命学院主要以生物医学工程、生物工程为主，偏重信息、工程方向；生物理科专业则以细菌、真菌、细胞、医疗等微观研究为主。这也正是莫斯科大学与北京理工大学建立深圳北理莫斯科大学的一大特色：融合两校的特色教育，优势互补，培养国际化人才。

窦文韬，北京理工大学生命学院，2012级生物学专业本科生。

队内工作：路线策划、行程安排、综合统筹以及队内的摄影工作。

个人感悟：生态科考带给我的不仅仅是学术上的收获，更重要的是对于自然世界的探索和不同文化带给我们的感受。

科考队员——窦文韬

行走莫斯科河畔，探寻千顶之城

2016年1月15日，随着SU204次航班在首都机场顺利降落，我的第二次生态科考行程也画上了一个圆满的句号。此次莫斯科生态科考，是生命学院第二次走出国门进行生态科考。短短5天的科考行程里，我们与这个城市进行了亲密的接触，留下了许多难忘的瞬间。

莫斯科，一个拥有数百年历史的城市。在来到这里之前，我对这里的印象还停留在"二战"炮火中的城市。这里和她所代表的国家一样，无处不体现着俄罗斯民族灿烂且厚重的文化氛围。克里姆林宫、红场、圣瓦西里大教堂、莫斯科河、国经成就展……这些文化符号构成了一个底蕴厚重的莫斯科城。俄罗斯人在建筑、艺术、音乐、文学、科学等领域都有着不可思议的成就。而他们对于科学的探索往往是通过与我们不同的角度来实现的。带着对这个城市的无限遐想，我们踏上了征程。

当地时间2016年1月11日凌晨5时许，俄航SU201这架A330客机降落在了位于莫斯科西北郊的谢列梅捷沃机场。我们一行8人来到了这个北方的国度。彼时正值隆冬，出发前一直在担忧保暖的问题，来到这里后发现，这里并不像想象中那么冷。当时，莫斯科的气温在零下10℃左右。作为一个东北人，我可以说位于北纬55°的莫斯科甚至没有位于北纬45°的我的家乡冷。走出机场、坐上机场快轨，15分钟之后我们到达了离我们住处不远的白俄罗斯火车站。安顿之后，我们在莫大志愿者同学的带领下，起程前往莫大，开始了对这个城市的探索之旅。

在莫斯科，我们的出行方式主要是地铁。地铁，可谓是莫斯科的一大建筑奇观。莫斯科地铁以其每站独有的建筑风格闻名世界，可以说是世界上最豪华的地下铁道系统。谈到莫斯科地铁，首先要谈的就是它的第一大特点——深。最初兴建地铁之时，由于考虑到战备需要，因此莫斯科地铁的深度令人叹为观止。旅客乘坐地铁需要先乘坐长长的扶梯进入地下，而全部扶梯都经过特殊设计，不仅运行速度快、尺寸大，而且其运行非常稳定。莫斯科地铁的第二个特点是快，不管是起步还是刹车，都非常猛。几次在列车里我都差点被甩飞。莫斯科地铁的第三个特点是她的车站站名。莫斯科地铁车站的站名多以-ская结尾，而这一词尾是阴性的。（这也正是我用"她"来称呼莫斯科地铁的原因。）不过莫斯科地铁车站站名最有趣的地方并不在此，而是这里多以一件事物或一个名人来给车站命名。例如，我们住处附近的白俄罗斯站，红场附近的革命广场站、剧院站、猎人商行站，以著名化学家命名的门捷列夫站，以及类似"国经成就展""共青团"这种听上去名字十分霸气的车站，和"航空发动机""热情公路"等听上去名字有些古怪的车站。此外，莫斯科地铁的第四个特点是其设计极其精美、站台堪称豪华。以共青团站、马雅可夫斯基站两个车站为代表，其站台设计风格与所处时代的历史背景息息相关。在莫斯科的地铁车站中，人们可以看到车站天花板的镶嵌画、大理石筑成的车站墙壁和拱顶上的壁画。

生态科考，顾名思义，其中很大一部分内容与自然科学息息相关。我们在到达莫斯科的第二天就来到了位于莫斯科城西郊的兹维尼格勒生物站，进行了为期一天的探访。探访的当天正值莫斯科大雪纷飞，我们踏着厚厚的积雪走了一段路才来到位于莫斯科河畔的兹维尼格勒生物站。在这里，我们参观了生物站自己的博物馆，与来自美国、欧洲的学生共同体验了冰洞的开凿，同时还取得了水样和土样。下午4时许，我们在莫斯科的茫茫大雪中伴着夜色回到了驻地。

第三天的行程在莫斯科的市中心红场展开。这座可谓是莫斯科"天安门广场"的场地也见证了莫斯科的不少兴衰历史。坐落在周围的克里姆林宫、国家历史博物馆、圣瓦西里大教堂、国立商场无一不让人大开眼界。我们到时恰逢红场还在庆祝圣诞的阶段，因此我们有幸在红场正中央的庆祝现场逛了一阵，使我们不仅看到了琳琅满目的俄罗斯特色商品，还品尝到了当地的著名美食。夜晚，在莫斯科凛冽的寒风中，我们深切地感受到了异国风情。

第四天的科考行程相对短暂，我们来到了大家早有耳闻的、号称"莫斯科最豪华地铁站"的共青团站。金黄的穹顶、闪耀的镶嵌画和沉静的大理石站台仿佛诉说着过去那段辉煌的历史。共青团站位于三座铁路车站之下，分别是雅罗斯拉夫利火车站、彼得格勒火车站和喀山火车站，与位于其附近的共青团广场共同被称为"三站之地"，其中的雅罗斯拉夫利火车站每周有两班列车，分别驶过贝加尔湖畔和大兴安之南，分别从二连和满洲里入境，最终到达北京站。其中途经乌兰巴托、二连的K3/4次列车始于1959年，拥有将近60年历史。这也是世界上最长的国际列车之一。

短短四天，我们在千顶之城的科考行程紧凑而丰富。我们吃到了俄罗斯美食、领略了苏联遗风、零距离接触到了当地最高学府莫斯科大学，还在莫斯科郊外的生物站与世界各地的学生团结协作。这种经历非常珍贵，也非常难忘。世界很大，只有走出去才能看到它的精彩，只有走出去才能感受到自己的渺小，只有走出去才能发现自己知道的还不够多。生态科考的意义正如人生，它为我们打开了一扇门，让我们能够看到外面的世界。

许新月，北京理工大学管理与经济学院，2013级公共事业管理专业本科生。

队内工作：团队装备购置、财务报账、照片视频拍摄、新闻稿撰写。

个人感悟：生态科考不仅是对生态的考察，还是对文化的了解。

科考队员——许新月

白色的莫斯科

记得2015年4月在校网上看到了赴莫斯科科考项目的通知，我迫不及待就报名了。认认真真写了考察方案，参加了面试，终于获得了这个来之不易的机会。更在机缘巧合之下，有幸见到了皑皑白雪覆盖下的莫斯科。

我见过莫斯科的炎夏：太阳下的克里姆林宫、游人如织的红场、莫斯科河上的游船、路边的手风琴艺人、老阿尔巴特街上精致的工艺品……莫斯科留给我的印象是热情的、友善的。而这次的莫斯科之行则完全不同。

在莫斯科醒来的一早呈现在眼前的是一个白色的世界，还未苏醒的街道、脚下20厘米厚的雪、驶过的电车、站在路边抽烟的男人、穿着裙子披着厚大衣急匆匆走向地铁站的女人……眼前是一个全新的世界。这些不是游人如织的景点，而是莫斯科人的日常生活，不是一年短短几个月的夏天，而是长达10个月的被白雪覆盖的季节。

我们的第一站便来到了莫斯科大学。莫大的主楼气势雄伟，32层的主楼包括55米的尖顶在内，总高240米，是斯大林七姐妹中规模最大的，在20世纪90年代之前曾经是欧洲最高的建筑。仅是在外面看到莫斯科大学就已经很震撼了，而这次，我们在莫大志愿者的带领下有幸进入了学校内部，感受了学校与其外表相匹配的雄厚的文化底蕴。

学校内部就有三个藏品丰富的博物馆，每个馆内都有讲解人员，他们大多是50岁左右的人，平时坐在座椅上静静看书，看不出有什么特别之处，但当有人参观时，他们便会站起来，带领着人们走入馆内侃侃而谈，介绍每一种展品的历史、特点、意义……他们有着淡然处世的态度，同时又对生活饱含热情。正是这种平淡与激情的结合最为打动人。我们在莫大碰到的每一个人都散发着这样的气质，我想这便是莫大能跻身世界大学前列最主要的原因。

除此之外，莫大还有自己的生态站，可以说是此次莫斯科之行最令人印象深刻的地方了。远离市中心，莫大有一片自己的地方用来做动物、植物方面的研究。里面尽量保留了自然生态最原始的样子，学校自己的建筑也都是木质的。我们到的时候天空还在飘着雪，眼前的世界都是白色的，树林、小溪、木屋、马厩，还有宽阔的莫斯科河，都被厚厚的积雪覆盖着。美归美，但如此厚实的雪确实给我们的科考带来了不小的挑战。在市里几乎找不到活水取样的地方，到了生态站，在生态站负责人的帮助下，我们找到了一条被积雪围绕着的、潺潺流动的小溪，终于取到了实验所需的水样。

相比较而言，我的课题研究困难就小许多——调查莫斯科河河岸建设。因为莫斯科河横穿了莫斯科这座城市，所以不论到了哪里，几乎都可以看得到莫斯科河。而每一处的河岸都有着不同寻常的美景。除了美景，莫斯科河还把它自身的价值发挥得淋漓尽致，莫斯科河上的游船，河岸边的手风琴艺人，随处可见临河而走的居民……这一切都使莫斯科河真正成为一条"母亲河"，养育着这片土地上的人。希望通过这次科考，也能为北京的河岸建设做出积极的贡献。

短短5天的旅途很快就结束了，但白色的莫斯科却永远留在了我心里。

雷博洋，北京理工大学法学院，2013级法学专业本科生。

队内工作：担任外联组负责人，负责与俄罗斯方面的联系沟通，包括签证办理、行程安排、在俄期间路线引导，以及有关学术会议、师生交流、日常消费等方面的俄语翻译工作。

个人感悟：赴莫斯科生态科考，虽然很疲惫，但有幸目睹了北国迷人的冰雪风光，锻炼了外语能力，还结交了俄罗斯的朋友，是我人生中一段难得的美好经历。

科考队员——雷博洋

多一些人文，多一些魅力

长长的电梯，深不见底，向下望去，只看到深处的洞口散发着金黄色的光芒，宛若一座地下王国的入口。熙熙攘攘的人们，簇拥到电梯口，便放缓了脚步，一个接着一个，靠右踏上电梯，缓缓向下。齿轮带动纽带，发出一阵阵沉闷的声响，但这并没有打搅乘电梯人们的心情，除了少数慌忙的乘客靠电梯左侧飞奔而下，大部分的人们或手捧一本小书慢读，或沉浸在随身音乐中；情侣们相拥对视着，露出甜蜜的笑容；孩子依偎在母亲的怀里，时不时探出身来，望一望电梯的尽头。

这里是俄罗斯莫斯科，在电梯的尽头，是莫斯科的地铁，莫斯科的地下王国。

不知不觉，时隔半年，或许是因为缘分的牵引，让我又回到了这座熟悉而又陌生的城市。这已经是我第三次造访俄罗斯了。第一次，2014年，独自一人背起背包，踏上了我的第一次出国之旅，语言不通，完全陌生，路遇光头劫匪，还好命运眷顾，带着各种刺激和新鲜感平安回家；第二次，2015年，已经立志在此求学的我重新踏上赴俄的旅途，来到莫斯科大学学习了两个月的俄语，语言障碍少了，对这座城市、这个国家的认识和感触也更深了；第三次，2016年，有幸跟随生态科考队，并且是在冬季来到莫斯科，有了科考队员的陪伴，这次旅行的体验又有所不同。

复古的琉璃吊灯，将整个地下王国照得金碧辉煌；拱形的金色长廊里，两侧的墙壁上都镶嵌着金灿灿的壁画，有慈祥温柔的圣母像，有手捧鲜花的小姑娘，还有挑担的工人和扛枪的战士……每一幅都像在倾诉一份情感，每一幅都像在诉说着关于这个国家、这座城市的一段历史、一段故事。伴随着轰隆的剧烈声响，一列绿皮火车从远处的隧道中疾驰而来，列车的车厢是一节一节封闭的，车内的灯光昏黄，再配上已经掉了不少漆的绿皮外壳，好像是一列20世纪"二战"时期的火车穿越而来。它嘶吼着，火车齿轮与铁轨发出刺耳的响声，仿佛在唱道："听吧，战斗的号角发出警报，穿好军装，拿起武器。共青团员们集合起来，踏上征途，万众一心，保卫国家……"

列车稳稳地停下，乘客们依次下车，而车下的乘客则静静地等待车上最后一位乘客下车后，才有序地缓缓上车。没有人去争抢座位，有时候车厢里站了很多人，座位却还是空空的。我们询问了同行的莫大同学才了解到，在俄罗斯的地铁里，大家都觉得座位是提供给老年人和体弱的妇女们坐的，青年男女们一般不太愿意去坐，因为坐下就意味着衰老，意味着自己是需要帮助的弱者，而这是生性好强的俄罗斯年轻人所不能接受的。

出了地铁，我们一行人来到莫斯科大学。冬天的莫大，少了一些夏天的浮躁，厚实的积雪让她看起来更稳重了。微风透过白桦林嗖嗖而过，我们感受到的，其实不是严寒，而是一股书香之气。漫漫的雪花，带着一丝凉意，将北国百年学府的底蕴轻轻映衬出来，美得自然，美得庄严。

　　爱读书，也是这个民族的一大特性，不仅在学府，在莫斯科地铁的车厢里，无论是站着的人还是坐着的人，无论是年迈的俄罗斯老奶奶，还是热血的运动青年，往往都捧着一本书，或是一份报纸在静静地阅读，当然在这个电子设备发达的时代，也能看到有人手持电子阅读器或平板电脑浏览新闻，但少有看到有人用电子设备玩游戏。冬天在户外太寒冷，但在夏天的时候，莫斯科街道两旁有很多开放的绿地和小公园，特别是在午后，阳光照在青青的草坪上，暖暖的，还滋养了一朵朵小野花，惹得许多莫斯科姑娘都纷纷坐下来，捧上一本小书休憩。

　　我们此次科考之行主要来到莫斯科郊外的兹维尼格勒生态站，在那里体验了一番莫大生物系学生都会参加的生态实践活动。莫大生物系的学生每年寒暑假都会来这里做各种各样的动植物实验，而此时莫斯科的郊外是一片茫茫的冰雪森林。莫大生态站的老师牵着白犬在前方开路，而身着统一红色科考服装的我们和莫大志愿者同学跟随其后，行走在冰天雪地里，还真有极地探险家的姿态。随行的生物学队员们忙着在这里采水样，分析水质特点，听莫大老师讲解这里动植物的耐寒性等。而我作为法学专业的学生自然是不理解这方面的专业术语的，于是便和随行的莫大志愿者攀谈起来。

　　陪伴我们的志愿者朋友都是莫大生物系的学生，听他们说，暑期的时候他们曾来到这里实践两个多月，在莫斯科河边，倚着美丽的白桦树林安营扎寨。采集标本，观察小动物、小昆虫的日常生活，观察植物的生长等，而傍晚时候，忙了一天的学生们会聚集在河边点起篝火，办一个烧烤晚会。令人惊奇的是，夏季这里常有很多萤火虫，于是他们用玻璃瓶装上一些制作出漂亮的荧光灯，营造出纯天然的浪漫氛围。我不曾见过萤火虫，也不能确信在何处能看到。我感觉，他们和我们不一样，不一样的地方在于，他们离自然更近一些，他们能感受到来自地球母亲的能量。这种自然之力，能让人快乐，是纯真的快乐，能让人感受生命的美妙。

　　从郊外返回莫斯科市区，我们此次科考的下一项任务便是考察莫斯科的城市人文了。莫斯科给我的印象是，整座城市依旧保存着苏联时期的风貌，斯大林风格的七姐妹建筑依然高耸，成为这座城市独具特色的美景；高唱《喀秋莎》那个慷慨激昂的年代虽然过去了，但唯美的曲调似乎还荡漾在这座城市之中，将历史留下的沧桑一一洗去；而在街道两旁一面面古老砖瓦墙的背后，屋墙的内侧，悬挂的是列宾的《意外归来》、是伊凡·克拉姆斯柯依的《无名女郎》、是维克多·瓦舍聂特索夫的《骑士》，甚至还有毕加索的名画，以及一幅幅如彼得大帝、叶卡捷琳娜女皇、托尔斯泰、普希金、契诃夫等人的肖像。更有趣的是，在这屋墙的背后，还隐藏着一个奇妙的动物世界，在这里能看到史前的恐龙、猛犸象，不管是北边的北极熊，南边的企鹅，东边的猛虎，还是西边的雪狼，不管是空中的百鸟，地上的走兽，还是水里的鱼儿，只要是在电视里能看到的动物，在这里都能找到它们栩栩如生的标本。

热爱艺术的莫斯科人，放学或者下班以后，不紧不慢地走在回家的路上，他们往往会顺道去街旁的小博物馆里驻足片刻，欣赏欣赏几幅名人的佳作，为劳累了一天的身心做一次艺术的放松。而在周末，莫斯科人更多会选择和家人一起去听一场音乐会、看一场话剧表演，或是开车去莫斯科郊外的森林湖畔边露营野餐，享受纯美的自然风光；更有一群可爱的老奶奶，她们可能是退休的科学家、教师、作家或者普通的工人、职员，在退休之后没有闲在家里，而是志愿成为博物馆的义务管理员，负责维持博物馆的日常秩序。她们往往会坐在自己最喜欢的一幅油画面前，一整天静静地凝望着它、陪伴着它、守候着它，和优美的画作一起，成为莫斯科博物馆里一道独特的风景。

我们科考团队这次虽然在莫斯科只停留了短短几天时间，但也参观了莫斯科大大小小好几个颇具特色的博物馆，这是我们与俄罗斯人文历史风情的一次心灵上的触碰。

行走在莫斯科的街头，并没有感受到政治的危机、经济的萧条给这座古老的城市印上了多么苍白的皱纹，并没有破旧和脏乱之象。相反，因为有璀璨而典雅的艺术瑰宝和热爱它的并充满情怀的人们，在不断浸润着、感染着这座城市，让这里源源不断地散发出文艺的馨香，从而使这座城市充满了活力。

一提到俄罗斯，传统印象里是贫穷落后的只剩下飞机大炮的严寒之国，认为这里的人粗鲁傲慢，是手提伏特加的醉汉，是叼着烟的高跟鞋女郎，这些虽然在俄罗斯普遍存在，但却是这个国家文化中的糟粕，并不能代表俄罗斯文化的主流。有一部名为《莫斯科不相信眼泪》的电影反映了女主人公卡佳在莫斯科面对感情的挫折，病痛的袭扰，历经坎坷，从一个柔弱、无所依靠的女子成长为一位独立的成功女性的故事。这种坚强、独立、不畏坎坷的人文精神渗透到了俄罗斯文学艺术的方方面面。《莫斯科不相信眼泪》，它代表了这座城市的文化精髓，也彰显了俄罗斯民族是一个不相信眼泪的顽强民族。

在这片广袤的热土上生活的人们，是可敬而可爱的。而我们此次生态科考，不仅收获了生态实践经验，也感受到了异国人文艺术的独特魅力。

Ecological
Expedition in
White Moscow
白 色 莫 斯 科

Part 3

实践成果篇

导 言

生态科考的主要任务是对科考地生态环境进行调查研究，通过实地调研及数据资料查询，对当地生态、人文发展提出建设性反馈意见，或者提出可借鉴的发展建设模式。此次俄罗斯生态科考团5位队员来自不同的专业，通过历时一年的前期资料查询以及文献调研，在带队老师的指导下，选定了8个课题研究方向，包括2个自科类课题和6个社科类课题。科考队员通过对莫斯科当地生态环境的调研和历史文化发展的考察，总结当地生态建设规律及历史文化发展成就，并结合我国的国情，探寻差异，提出建设性建议。

自然科学类课题主要针对莫斯科当地的水质、土壤资源进行调研。其中，"以莫斯科河兹维尼格勒流域水质指标为例，探究人类活动对水质的影响"通过对莫斯科州兹维尼格勒生物站提取的主河道水样及距离生活区较近的溪流所取的水样进行水质测定，同时通过分析当地生活方式可能给水环境造成的影响，结合往年生态科考题目，进一步探讨人类活动可能造成的水环境破坏，并依据莫斯科河的治理模式，给出保护水资源的合理措施。"莫斯科市不同地点土壤对比"通过检测莫斯科三个地点（莫斯科大学植物园、莫斯科总植物园、莫斯科兹维尼格勒生态站）的表层土并通过快速试剂盒检测土样pH值、总氮总磷及微生物群落来比较不同地点土样的差异，并对三地土壤情况进行总结，分析了当地居民生活及工业废水对当地水资源的污染情况。

社会科学类课题主要针对俄罗斯的环保、教育、建筑、法律等方面进行考察研究，具体分为6个课题。其中"对比莫斯科市与北京市的绿化情况，探索北京市绿化建设模式"通过对比分析莫斯科与北京的绿化现状与绿化建设，为北京绿化提出合理化建议。"以莫斯科河为例，浅谈城市河流河岸建设"从河岸的角度入手，对比莫斯科河的规划建设，从其环境建设、经济建设、人文建设三方面进行分析归纳，探讨北京市中小河流可参考的建设意见，以期对其河岸建设的修复和改造起积极作用。"俄罗斯环境保护法律制度对我国生态保护的启示"主要以《俄罗斯联邦环境保护法》为研究对象，探讨俄罗斯相关环保法律的立法模式，并重点介绍俄罗斯的生态警察制度，以及相关行政监督机制，以此分析中俄两国环保法律制度的联系和区别，为我国改善环境资源现状、完善环境保护相关法律制度提供一定的参考和借鉴。"俄罗斯生态保护建设成果研究"通过俄罗斯的生态企业、俄罗斯的林业教育、俄罗斯的生态教育三个层面，对俄罗斯的植被生态文化展开探索，尝试总结俄罗斯的生态文明建设经验，及其对中国生态文明建设的启示，以期为实现"美丽中国"的美好愿景提供一种新的思路。"俄罗斯、加拿大高等教育发展特点分析"发现俄罗斯、加拿大的高等教育模式对当今我国高等教育改革具有极其重要的意义。"浅谈莫斯科地铁车站建筑风格与其文化背景之间的关系"以5个地铁站作为代表，浅谈莫斯科不同时期建设的地铁站台建筑风格与其历史文化背景之间的关系，进而谈及地铁文化及铁路文化对于城市文化及发展的意义，从而为我国地铁文化的发展提供思路。

此次生态科考通过对莫斯科的实地考察以及相关实验数据分析，共撰写8篇文章，分别从俄罗斯的生态、教育、法律、人文、历史等方面论述了当地的生态环境及人文历史发展现状，并对比了两国发展的差异与差距，得到了多方面的启示，为两国生态文明建设及人文历史发展提供了有据可依的建设性建议。

以莫斯科河兹维尼格勒流域水质指标为例，探究人类活动对水质的影响

窦文韬　北京理工大学生命学院

摘要：莫斯科河（俄语：Москва-река）是奥卡河的左支，流经莫斯科州和斯摩棱斯克州，全长503千米，流域面积17 600平方千米，是莫斯科市重要的水源。由于日益加剧的水资源危机，如何在保证人类生产生活需求的前提下尽可能降低对水环境的污染，成为许多国家和地区都在探究的重要课题。本课题将通过在莫斯科州兹维尼格勒生态站提取的主河道水样及距离生活区较近的溪流水样进行水质的测定，同时通过分析当地生活方式可能对水环境的影响，结合往年生态科考题目，进一步探讨人类活动对于水环境可能造成的破坏，并依据莫斯科河的治理模式，给出可用于保护水资源的措施。

关键词：河流水质；污染治理；水资源问题；环保

1. 课题背景

水是万物之源，是一种非常基础的自然资源。随着社会的发展，水资源枯竭问题已经逐渐成为世界上许多地区面临的最为严峻的挑战。与此同时，水资源的自然分布十分不均匀，而人类对水资源的需求有增无减。由于自然原因和人类社会活动的共同作用，导致了如今世界水资源问题的出现。

人类诞生之初，傍水而居，依水为命，择高避其害。当人口规模较

小、生产力不发达时，水资源足以维持人们的生存和生产。人类因自身的生存和发展，需水量递增，自然取水难以为继，因此首先千方百计改造天然水在时程变化和流动路径上本来的状况，以适应人类用水在时间上和地点上的要求；同时，为减少洪水带来的灾害损失，不断实施工程和非工程措施控制和减少洪水泛滥的影响范围，使得人类活动对天然水资源的干扰越来越大。另外，人类生活、生产排放的废污水和废气，对天然水资源的侵害越来越大，并增加了大气中温室气体的含量，导致部分臭氧层被破坏，从而改变了大地与大气间水分和热量的交换能力，引起全球气候变化，并反映为气温、降水、蒸发的变化。因此，可以说人类活动已经导致以生活、生产、生态所需水资源短缺为特征的又一次生存环境危机。

河流水质状况受流域内多种因素的综合影响。这包括自然和人类活动两大类因素。从河流水质恶化的过程来看，人类活动的因素影响更大。河流水质与流域内人类活动之间的关系非常复杂。例如，河流水质受到人口状况、经济发展水平、城市发展水平、土地利用结构以及水资源开发利用状况等因素的影响。农业活动是影响河流水质的重要方面，也是河流中氮、磷元素的主要来源。化肥、农药、畜牧业养殖废弃物等污染物会对河流水质产生非常大的影响。而人类影响河流水质一个较为常见的情况就是含磷洗衣粉的使用。

对于洗衣粉而言，通常需要添加一些助剂才能使其更好地发挥作用。其中一种较为常用的助剂是三聚磷酸钠，又称五钠。它能够与水中的钙、镁等元素螯合成为水质较硬的金属离子，使洗涤用水软化。此外，它还能够提高洗涤液碱度，进而提高对于油污的洗涤效果，对固体污垢有分解和胶溶作用，大大提高了洗涤剂的去污效能。含磷洗衣粉会导致水体富营养化，主要表现为水中磷元素含量升高，各种藻类植物疯狂生长，在其腐烂死亡后会放出甲烷、硫化氢、氨气等大量有毒有害气体，进而使水体浑浊发臭，而水中缺氧会导致鱼、虾等水生生物死亡，对生态系统产生非常严重的破坏。

本次北京理工大学赴俄罗斯莫斯科生态科考团在位于莫斯科河上游流

域的兹维尼格勒市进行了取样，取样地点分别位于莫斯科河主河道正中以及兹维尼格勒生态站附近的山间溪流，希望借此进一步对比人类生活方式对水质产生的影响，并结合2013年暑期北京理工大学生命学院生态科考团赴江西生态科考期间的任务内容，得到一些能够有助于水质改善的成果。

2. 研究地概况

莫斯科河是一条位于俄罗斯西部的河流，源自莫斯科以西约140千米处，向东流经斯摩棱斯克和莫斯科州，途经莫斯科市中心，并且一直向东南方向距离莫斯科约110千米的科罗马流去，最终注入奥卡河。其本身也是伏尔加河的一条支流，最终流入里海。

莫斯科河全长503千米，落差155米。其流域为17 600平方千米，年平均流量为109立方米/秒。其中，最深处位于莫斯科市中心，向下可达6米。其通常在11～12月结冰，次年3月融化。莫斯科河在莫斯科市中心的绝对海拔为120.0米（"二战"结束后的夏季水位平均值），1908年大洪水时期，其水位曾达到了127.25米的历史最高水平。

其主要流经的莫斯科市，是俄罗斯联邦的首都，正好坐落于该河河岸，同时河流还流经莫扎伊斯克、兹维尼格勒、茹科夫斯基、布龙尼齐、沃斯克列先斯克以及位于莫斯科河和奥卡河交汇处的科洛姆纳。

莫斯科河是莫斯科市中心最主要的水源地，同时也是交通要道。这条莫斯科人民的"母亲河"一度是一条脏乱差、充满死鱼死虾、腥臭冲天的臭水沟。经过一段时间的治理，莫斯科河重新恢复了洁净。

兹维尼格勒，是俄罗斯联邦下属莫斯科中一个古老的城镇。有大约900年的历史，最早可追溯到12世纪。其气候类型属于温带大陆性气候。相对于莫斯科市中心，兹维尼格勒地处莫斯科河的上游。

本课题的一部分水样取自莫斯科河兹维尼格勒流域主干道正中，另外一部分水样取自位于兹维尼格勒西部的莫斯科大学兹维尼格勒生态站附近的溪流。

兹维尼格勒生物站地区植被覆盖面积非常广，除建筑用地之外，其余土地大多用于种植实验类植物。同时该地区有少量畜牧业（实验类动物）。总体来讲，其对于土地的利用相对较少。

本次课题在莫斯科州兹维尼格勒市的取样时间为2016年1月12日下午4时许，取样方式为：1）在莫斯科河兹维尼格勒流域主河道正中开凿冰洞并取样；2）在兹维尼格勒生态站附近溪流直接取样，并于取样后3小时内完成各项指标的测定。

3. 研究内容

3.1 指标解释

3.1.1 酸碱度 pH

pH，英文全称为Hydrogen Ion Concentration，含义为Potential Hydrogen，氢离子浓度指数。其计算方法为：

$$pH=-lg[H^+]$$

pH是水溶液中酸碱度的表示方法。本实验中采用pH试纸进行pH的测量。

3.1.2 磷含量 TP

总磷是指水样经消解后将各种形态的磷转化成正磷酸盐后测定的结果（以每升水样含磷毫克数计量），是水体中有机磷和无机磷的总和。本课题采用总磷试纸进行测量，操作较为简便，同时样品也不需带回国内。

3.1.3 氮含量 TN

总氮是衡量水体富营养化程度的重要指标。水中总氮包括所有含氮化合物，即亚硝酸盐、硝酸盐、无机铵盐、溶解氧氮以及大部分有机含氮化合物中氮的总和。本课题选用了总氮试纸进行测量，操作较为简便，样品也不需带回国内。本课题仅对水样中的铵根离子进行讨论。

3.1.4 五日化学需氧量 COD

化学需氧量（Chemical Oxygen Demand）是指废水、废水处理厂出水和受污染的水中，能被强氧化剂氧化的物质的氧当量。这是一个重要的、能够较快测定有机物污染的参数。通常也用符号COD来表示。该指标也可作为有机物相对含量的综合测量指标之一。本次课题选用COD试纸进行测量操作较为简便，样品也不需带回国内。

3.2 水质指标测定

● 取样时间：2016年1月12日下午4时许

● 取样地点：莫斯科兹维尼格勒地区（北纬55.7度，东经36.7度），

　　　　　　主：莫斯科河兹维尼格勒流域主河道正中；

　　　　　　支：莫斯科河兹维尼格勒生物站内山区溪流；

● 缩写解释：

pH：酸碱度

PO_4^{3-}：磷酸根浓度

NH_4^+：铵根离子浓度

COD_5：五日化学需氧量

$PO_4^{3-}-P$：磷酸根中的磷含量

NH_4^+-N：铵根中的氮含量

3.3 结果与讨论

莫斯科河兹维尼格勒段及生物站溪流的水质测定。

通过相应的试纸比对，得出如下数据（表3-1）：

表3-1 莫斯科河兹维尼格勒段及生物站溪流水质指标分布表

	pH	$PO_4^{3-}/(mg \cdot L^{-1})$	$NH_4^+/(mg \cdot L^{-1})$	$COD_5/(mg \cdot L^{-1})$	$PO_4^{3-}-P$	NH_4^+-N
主1	7.12	0.2	0.2	10	0.05	0.2
主2	7.09	0.2	0.2	5	0.05	0.2
支1	6.87	0.5	0.2	10	0.2	0.2
支2	6.94	0.5	0.2	10	0.2	0.2
支3	6.94	0.5	0.2	10	0.2	0.2

由表3-1可知，主河道pH值略高于支流pH值，主河道中的磷酸根离子

浓度则小于支流中磷酸根离子浓度，而铵根离子浓度相差不大。此外，主河道中的五日化学需氧量与支流中接近。

主河道水样呈弱碱性，而溪流中水样呈弱酸性（图3-1）。

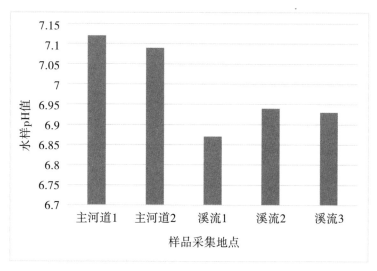

图3-1 莫斯科河兹维尼格勒段及生态站溪流水质指标分布

主河道中磷酸根离子浓度较山区溪流磷酸根离子浓度更小，可能是生活污水的混入所致，而溪流汇入主河道中后相应离子浓度较低（图3-2）。

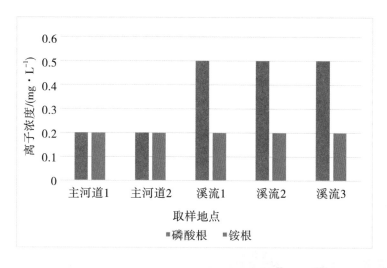

图3-2 莫斯科河兹维尼格勒段及生态站溪流水质指标分布——N/P

　　主河道中铵根离子浓度与山区溪流中相同的离子浓度相差不大，说明山区溪流中与这一流域主河道相比，氨氮增加不大，并根据实地考察推测，当地由于农耕增加的污染物较少，主要增加的污染物为含磷酸根离子的污水（图3-3）。

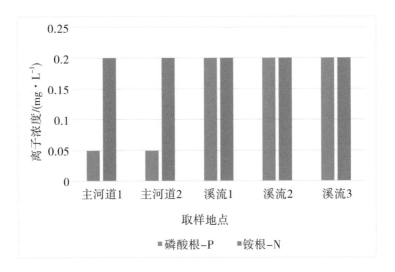

图3-3　莫斯科河兹维尼格勒段及生态站溪流水质指标分布——PO_4^{3-}–P / NH_4^+–N

　　主河道中五日化学需氧量小于支流中的该指标（图3-4）。

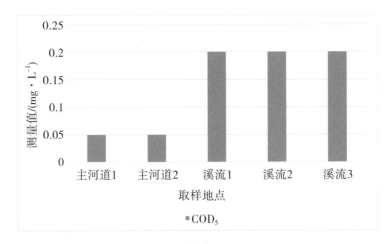

图3-4　莫斯科河兹维尼格勒段及生态站溪流水质指标分布——COD_5

根据《莫斯科河水质污染的平衡模式》一文中提供的数据可知，莫斯科河兹维尼格勒市流域的NH_4含量较莫斯科市区流域及下游各流域较低，这说明人类生活污水对于这一指标的影响非常明显。

3.4 对比江西生态科考水质指标

3.4.1 数据

表3-2为江西瑶河上游及下游水质的各项指标。

表3-2 江西瑶河上游及下游水质指标分布表

	pH	PO_4^{3-}(mg/L)	COD_5(mg·L^{-1})	PO_4^{3-}—P
瑶河上游1	6.65	0.164	291.0	0.05
瑶河上游2	6.68	0.093	219.2	0.04
瑶河上游3	6.42	0.060	227.9	0.02
瑶河下游1	6.60	0.017	220.2	0.1
瑶河下游2	6.58	—	271.5	—
瑶河下游3	6.55	0.213	210.1	0.08

数据来源：《通过水质理化指标的比对反应江西古镇中居民活动对水质的影响》，2013。

3.4.2 分析

瑶里古镇的主要水源瑶河由于附近居民活动较多，因此生活污水排放更多，水中pH约为6.5，水质呈酸性；瑶河中五日化学需氧量非常高，说明该地有机物污染严重。而相比之下，莫斯科河兹维尼格勒流域五日化学需氧量远远低于瑶河水平。可见，莫斯科河流域有机物污染并不严重。

4. 总结

同一河流上游污染物含量低于下游，这是下游掺入了工业污水、生活污水所导致的。在日常生活中，若大量使用含磷洗衣粉，则会使生活污水中富含大量磷元素，从而对水质产生较大的影响。

在日常生活中，人类的生活污水始终对自然环境产生威胁。与工业发展一样，农业和百姓日常生活中也不能重蹈部分发达国家"先污染、后治理"的覆辙。

参考文献：

[1] 张俊逸. 珠江广州城市河段水质和微生物多样性特征[D]. 暨南大学，2011.

[2] 刘婷婷. 水源水库微生物种群结构与功能研究[D]. 西安建筑科技大学，2013.

[3] 王莹. 污染河流中微生物群落结构的空间变化解析[D]. 东北师范大学，2008.

[4] 谭旭. 茅台地区赤水河水体微生物多样性分析[D]. 北京化工大学，2014.

[5] 杨期勇，张新华，黄卫. 鄱阳湖水环境现状及污染防治模式思考[J]. 九江学院学报：自然科学版，2012，27（4）：10-14.

[6] 郭建欣. 莫斯科水域的保护[J]. 环境科学与管理，1985（1）.

附录：

莫斯科河治理模式

在20世纪50年代，莫斯科河曾一度是一条臭水沟，鱼虾绝迹、臭气难闻。经过十多年的治理，莫斯科河水质逐渐恢复。根据《莫斯科水域的保护》（以下简称《莫》）一文中提到的农村对于莫斯科河污染的治理方法，本文总结出了几条类似的预防水质变坏的规则。

《莫》一文中总结的农村对于莫斯科河污染治理的贡献：

（1）农田污水灌溉：这是一种深度净化污水的有效措施。利用水肥，对污水进行利用，用以灌溉农场，进而改为污水农田处理场。莫斯科建立了许多这样的处理场，如伏罗希洛夫农场。而苏联的许多大城市，如圣彼得堡、基辅、哈尔科夫等地也建立了类似的大型设施。

（2）控制畜牧粪便：当时，在畜牧业较为发达的国家中，畜牧废物已经成为一种公害。而各种畜牧场则成为一种对水体污染可能造成严重影响的污染源。为制止畜牧业污染河道，当局在行政、法律和经济措施之外，采取了许多农业技术措施，如要求必须把畜牧场粪尿施用于农田，并对其进行严格控制，防止外流。

（3）保护森林：森林对于防止水土流失、保护水质可以发挥重要的作用。因此保护森林成为改善水质、治理污染的一项重要手段。

据此总结的可能预防水质变坏的措施：

（1）寻求处理生活污水的新型措施和方法，改变生活污水直接排放于河流的现状。例如，含氮、含磷污水的回收再利用。

（2）对畜牧业粪便进行回收再利用，以减少因畜牧垃圾造成的水质污染。

（3）保护森林，禁止乱砍滥伐。

莫斯科市不同地点土壤对比

张贺祟　北京理工大学生命学院

摘要： 莫斯科（Moscow）是俄罗斯联邦首都、莫斯科州首府。莫斯科是俄罗斯的政治、经济、文化、金融、交通中心以及最大的综合性城市，是一座国际化大都市。莫斯科城市规划优美，掩映在一片绿海之中，故有"森林中的首都"之美誉。土壤条件是决定植物能否健康成长的一个重要条件。本文通过检测莫斯科三个地点（莫斯科大学植物园、莫斯科总植物园、莫斯科兹维尼格勒生态站）的表层土并运用快速试剂盒检测土样pH值、总氮、总磷及微生物群落来比较不同地点土样的差异，并对三地土壤情况进行总结。

关键词： 莫斯科；土壤；pH值；总氮；总磷；微生物

莫斯科地处俄罗斯欧洲部分中部、东欧平原中部，跨莫斯科河及支流亚乌扎河两岸。莫斯科和伏尔加流域的上游入口和江河口处相通，是俄罗斯乃至欧亚大陆上极其重要的交通枢纽，也是俄罗斯重要的工业制造业中心和科技、教育中心。1147年，莫斯科沿莫斯科河而建，从莫斯科大公时代开始，到沙皇俄国、苏联及俄罗斯联邦，一直是国家首都，迄今已有800余年的历史，是世界著名的古城。莫斯科拥有众多名胜古迹，是历史悠久的克里姆林宫所在地。莫斯科城市规划优美，掩映在一片绿海之中，故有"森林中的首都"之美誉。

土壤条件是决定植物能否健康成长的一个重要条件，本次科考通过收

集土壤并检测土壤pH值、总氮、总磷、微生物含量等理化数据对莫斯科植被下的土壤进行初步的检测。

1. 研究方法

1.1 采样点介绍

1.1.1 莫斯科大学植物园

莫斯科大学植物园（Moscow State University Botanical Garden）为国立植物园，也称莫斯科国立罗蒙诺索夫大学植物园。它是俄罗斯最古老的植物园，1706年由彼得堡大帝创建，1805年起属莫斯科大学，占地面积60.5公顷，温室面积1500平方米；地理位置55°45′N，33°34′E，海拔192米；年平均温度3.6℃，1月平均温度−10.3℃，7月平均温度17.8℃，绝对最低温−42.0℃，绝对最高温37.0℃，年降水量575毫米；活植物种类9 000余种，其中特色植物包括高山植物、草原植物、果树、浆果、阿魏（Ferula）、斗篷草、葱属、忍冬、景天、百合、桦、柳、苹果、秋海棠、花楸、绣线菊、槭、委陵菜等。

莫斯科大学植物园为莫斯科大学生物系和其他高等教育机构提供了一个切实可行的实习和培训基地，也使他们能够在此进行大量的学术研究。除了科学家和学生，游客也可以游览参观这个植物园，了解不同的植物世界。这里除了有人类生活领域中常见的应用植物，还有几个特殊的植物园，包括树木园、山区植物园、观赏植物园和果园。该植物园收集各种形式的物种、树木和灌木已经有很长时间。这里有生长在地球上各个地方的植物，具有广泛代表性的是野生草本植物。在树木园中，专家们凭借丰富的经验，培育出树木，在公园的发展中取得了巨大的成绩。在山区植物园中，根据山区植物所需要的地理条件进行建设，这里有从喀尔巴阡山脉、克里米亚、高加索、中亚和远东等地收集来的、超过1 000种的高山和亚高山植物。在玫瑰园里，有观赏植物和多年生植物，如俄罗斯玫瑰、郁金香、芍药等。在果园里，工作人员培育了多种俄罗斯和外国的果树。在植物园的温室里，可以看到热带和亚热带植物。

1.1.2　莫斯科总植物园

莫斯科总植物园（Moscow Main Botanical Garden），又称为国立植物园，于1945年1月21日苏联科学院220年院庆时成立，面积361公顷，温室面积9300平方米，隶属于当时的苏联科学院生物学部；位于莫斯科市西北部，地理位置56°00′N，38°00′E，海拔140米，年平均温度3.6℃，1月平均温度10.3℃，7月平均温度17.8℃，绝对最低温-42.0℃，绝对最高温37.0℃，年降水量575毫米；活植物种类2.1万种（种、类型、变种1.1万，园艺类型1万），特色植物为郁金香、鸢尾、唐昌蒲（Gladiolus）、芍药、热带和亚热带栽培历史植物。专类园包括植物进化区、苏联植物资源区、树木园、有用野生植物区、观赏和绿化植物区、栽培植物区。园内有自然植被200公顷，其中有50公顷是受到很好保护的原始森林，主要树种为栎树，树龄大多数已达100～200年。馆藏标本26.7万份。研究工作领域包括分类、园艺、抗性生理、育种繁殖、引种驯化、生态、生化解剖。定期出版刊物总植物园学报和年报。科普组有工作人员35人，藏书17万册。第一任园主任是著名遗传学家齐津院士。

总植物园的主要任务是研究植物引种驯化的理论，以便更好地利用世界植物资源，为国民经济服务。建园初期，力量集中在增加植物收集量上，先后进行了120多次国内外引种考察，考察范围包括国内的中亚、高加索、远东西伯利亚、阿尔泰和苏联欧洲部分，国外的印度、古巴、加纳、蒙古、越南、美国和印度洋国家。同时，与世界上60个国家的650个植物园、树木园、研究所交换、引进了32万份种子，并向国外植物园寄出种子16.7万份。在活植物收集方面，重视本国植物资源的收集保存，苏联乡土植物种类达到3 000种（多年生草本植物2 380种，占绝大多数），这不但在苏联所有植物园中，即使是在全世界植物园中也是名列榜首。苏联植物区系占地27公顷，所有植物按地理分布分为5个区：苏联欧洲部分、高加索、中亚、西伯利亚、远东。树木园占地76公顷，栽植乔、灌木3万株，共2 200种，植物按属设说明牌。栽培植物区面积约10公顷，有小果类原始材料圃、禾本科远缘杂交试验区等，前主任齐津院士是著名的禾本科远缘杂交育种和遗传学家。常春区（休闲区）位于人工湖畔，主要功能是园景美化和示范作用。月季园内有喷泉、阶梯式花坛、棚架和陈列室。陈列品有盆花和切花艺术品等。月季收集圃内收集的品种有3 000多个。温室植物有2 000多种，分别按热带雨林、南美热带森林、热带水生植物、北美大草原和沙漠植物以及热带亚热带经济植物等分室布置。温室外面有大面积的花卉收集圃，其中万寿菊、矮牵牛、金鱼草、福禄考、唐昌蒲等主要花卉的品种都是数以百计。在布局上比较特殊的是，植物园的中央区域是一个以高大的夏橡、疣皮桦和欧洲赤松为优势种的植被群落为主的禁伐区。

1.1.3 莫斯科兹维尼格勒生态站

兹维尼格勒生态站最早兴建于1905年，1945年起隶属于莫斯科国立罗曼诺索夫大学生物学院，据莫斯科市区直线距离50千米。该生态站面积广阔，植被覆盖率高，同时毗邻莫斯科河上游，生物多样性及生态环境十分适宜开展动植物基础研究及生态学领域的研究。生态站设施完善，建有教室、实验室、动植物博物馆、图书馆及有关生活设施，能够容纳300余人同时学习生活。每年莫斯科大学生物学院新生须在此学习生活70天，开展生命学科领域基础实验能力、科研实践能力等方面的训练。近年来，该生态站还成为莫斯科大学生物学院开展国际交流的一个重要平台。

1.2 土壤取样方法

由于时间的限制，本次土壤样品的数量并不大，其中土1、土2取自莫斯科大学植物园，土3、土4取自莫斯科总植物园，土5取自莫斯科兹维尼格勒生态站。样本取植被旁的0～30厘米的土壤，取样量为100克。同时，由于海关的限制，本次科考取样只能在当地使用试剂盒进行检测，由于实验条件的限制，许多微量元素无法检测，数据有限。

1.3 土壤样品检测

使用100毫升蒸馏水与100克土壤混合，形成土壤浸出液，检测浸出液前，先检测蒸馏水的各项指标作为对照。检测所得数据为浸出液数据—蒸馏水数据。

1.3.1　pH值

土壤酸碱度：土壤酸碱度（Soil Acidity）包括酸性强度和酸度数量两个方面，或称活性酸度和潜在酸度。酸性强度是指与土壤固相处于平衡的土壤溶液中H^+的浓度，用pH表示。[1]酸度数量是指酸的总量和缓冲性能，代表土壤所含的交换性氢、铝总量，一般用交换性酸量表示。土壤酸碱度对养分的有效性影响也很大，如中性土壤中磷的有效性大；碱性土壤中微量元素（锰、铜、锌等）的有效性差。[1, 2]

取样土1份，放入试管底，然后加入2.5份蒸馏水，用玻璃棒充分搅拌1分钟，待其静止澄清后，将一段试纸浸入上清液中，试纸立即变色，马上用变色的试纸与pH标准比色卡进行比较，即可直接得出pH值。

1.3.2　总氮、总磷

土壤中的氮：构成陆地生态系统。氮循环的主要环节：生物体内有机氮的合成、氨化作用、硝化作用、反硝化作用和固氮作用。植物吸收土壤中的铵盐和硝酸盐，进而将这些无机氮同化成植物体内的蛋白质等有机氮。动物直接或间接以植物为食，将植物体内的有机氮同化成动物体内的有机氮，这一过程为生物体内有机氮的合成。动植物的遗体、排出物和残落物中的有机氮被微生物分解后形成氨，这一过程叫作氨化作用。在有氧的条件下，土壤中的氨或铵盐在硝化细菌的作用下最终氧化成硝酸盐，这一过程叫作硝化作用。氨化作用和硝化作用产生的无机氮都能被植物吸收利用。在氧气不足的条件下，土壤中的硝酸盐被反硝化细菌等多种微生物还原成亚硝酸盐，并且进一步还原成分子态氮，分子态氮则返回到大气中，这一过程被称作反硝化作用。由此可见，由于微生物的活动，土壤已成为氮循环中最活跃的区域。[3]

土壤中的磷：土壤全磷量即磷的总贮量，包括有机磷和无机磷两大类。土壤中的磷元素大部分是以迟效性状态存在，因此土壤全磷含量并不能作为土壤磷素供应的指标，全磷含量高时并不意味着磷素供应充足，而全磷含量低于某一水平时，却可能意味着磷素供应不足。[4]

使用100毫升蒸馏水与100克土壤混合，形成土壤浸出液，检测浸出液前，先检测蒸馏水的各项指标作为对照。等待浸出液上层澄清后，将上清液吸入带有快速检测试剂的试管中，将试管摇晃5～10次，静置5分钟后通过比色卡读出结果。

1.3.3 微生物总数

土壤微生物是指生活在土壤中的细菌、真菌、放线菌、藻类的总称。其个体微小，一般以微米或纳米来计算，通常1克土壤中有几亿到几百亿个微生物，其种类和数量随成土环境及其土层深度的不同而变化。它们在土壤中进行氧化、硝化、氨化、固氮、硫化等过程，促进土壤有机质的分解和养分的转化。[5]

土壤中微生物数量多、繁殖快、活动性强，对植物有非常重要的影响，主要表现在以下方面：（1）土壤微生物是生态系统中的分解者，它们使有机质分解，释放养分，供植物利用。另外，有些土壤微生物还能直接对岩石进行分解，如硅酸盐菌能分解土壤中的硅酸盐，并分离出高等植物能吸收的钾。[5]（2）土壤微生物生命活动产生的生长激素以及维生素类物质对植物的种子萌发和正常的生长发育能产生良好影响。[6]（3）某些微生物在不同程度上具有抑制病毒和致病性细菌、真菌的作用，在一定条件下，可以成为植物病原菌的拮抗体。某些微生物还能把土壤中有毒的H_2S、CH_4等转化成无毒物质，如硫化细菌能将H_2S转化为硫酸盐。[3、7]（4）土壤中的某些真菌还能与某些高等植物的根系形成共生体，称为菌根。有的真菌还具有固氮性能，能改善植物的氮素循环。[7]

使用100毫升蒸馏水与100克土样混合，待浸出液上层澄清后，取上清液滴在微生物测定试纸上，培养一天，检测微生物总数并换算。

2. 检测结果

三地土壤检测结果如表3-3所示，土壤浸出液中PO_4以及PO_4-P含量最高的为土样2，含量最低的为土样4，而土样1、3、5含量相同；土壤浸出液中NH_4以及NH_4-N含量最高的为土样4，含量最低的为土样2，土样1、5含量相同；pH值三地土样接近。

表3-3 三地土壤成分检测

检测成分	土样1	土样2	土样3	土样4	土样5
PO_4（$mg \cdot L^{-1}$）	0.45	0.95	0.45	0.15	0.45
PO_4-P（$mg \cdot L^{-1}$）	0.18	0.48	0.18	0.08	0.18
NH_4（$mg \cdot L^{-1}$）	1.8	0.3	0.8	4.8	1.8
NH_4-N（$mg \cdot L^{-1}$）	1.8	0.3	0.8	4.8	1.8
pH	7.6	7.9	8.2	8	7.4

由图3-5可以看出，土壤浸出液中PO_4含量最高的为土样2，含量最低的为土样4，而土样1、3、5含量相同。

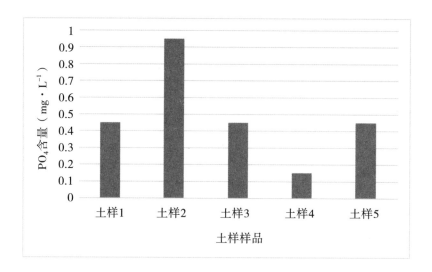

图3-5 三地土壤PO_4含量

由图3-6可以看出，土壤浸出液中PO_4-P含量最高的为土样2，含量最低的为土样4，而土样1、3、5含量相同。

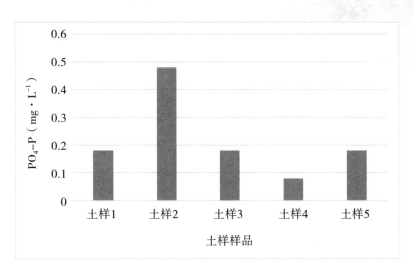

图3-6　三地土壤PO$_4$-P含量

由图3-7可以看出，土壤浸出液中NH$_4$含量最高的为土样4，含量最低的为土样2，土样1、5含量相同。

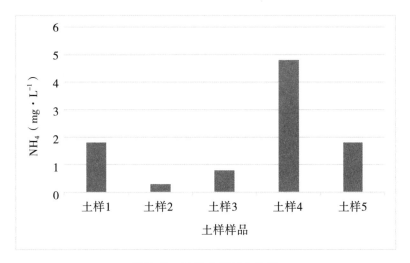

图3-7　三地土壤NH$_4$含量

由图3-8可以看出，土壤浸出液中NH$_4$-N含量最高的为土样4，含量最低的为土样2，土样1、5含量相同。

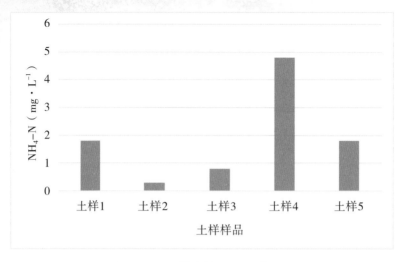

图3-8　三地土壤NH₄-N含量

由图3-9可以看出，三地土样的pH值接近。

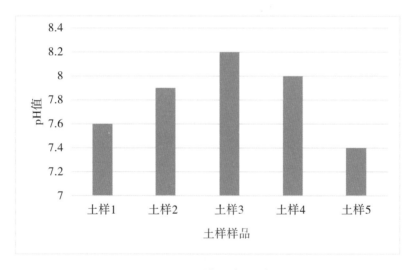

图3-9　三地土壤pH值

3. 结论

（1）土样在形态、颜色上基本一致（偏黑），无太大差异。

（2）通过图3-9判断土样pH值差别不大，为中性至碱性土壤。土壤

pH值相近的原因可能是土样处于同一城市且均为植被旁表层土壤，环境相似，故pH值差异不大。

（3）图3-5、图3-6可以看出，莫大植物园表层土样2的含磷量最大，且莫大植物园土壤磷含量大于莫斯科总植物园土壤磷含量，生态站的土壤磷含量居中。而通过图3-7、图3-8可以看出，莫斯科总植物园表层土土样4含氮量最高，莫斯科总植物园土壤含氮量高于莫大植物园，生态站居中。

（4）由于取样时为冬季，无法通过植物的生长状态来判断土壤质量，且由于试剂盒测量跨度过大，无法得出更为准确的氮、磷含量数据。

（5）微生物试纸经过培养后并没有出现微生物群落，可能是由于在低温状态下土壤中微生物处于休眠状态，且试纸培养的温度为室温，并没有达到37℃，微生物群落在一天时间内并未完全复苏所导致的，故无法得出微生物与总氮、总磷之间的关系。

参考文献：

[1] 罗上华，毛齐正，马克明，邬建国.北京城市绿地表层土壤碳氮分布特征[J].生态学报，2014（20）：6011-6019.

[2] 王磊，傅桦，杨伶俐.北京市土壤pH分布研究[J].土壤通报，2006（37）：398-400.

[3] 耿玉清，余新晓，岳永杰，牛丽丽，北京山地森林的土壤养分状况[J].林业科学，2010（05）：169-175.

[4] 李丽雅.城市土壤特性与绿化树长势衰弱的关系研究[D].东北师范大学，2006.

[5] 尹幸福，杨朗生，任玉英.城市土壤对园林树木生长的影响[J].四川林业科技，2005（03）：71-75.

[6] 邹明珠.北京市园林绿化种植土壤质量标准的编制研究[D].北京林业大学，2012.

[7] 刘艳，王成，彭镇华，郄光发.北京市崇文区不同类型绿地土壤酶活性及其与土壤理化性质的关系[J].东北林业大学学报，2010（04）：66-70.

对比莫斯科市与北京市绿化情况，
探索北京市绿化建设模式

张贺騳　北京理工大学生命学院

摘要：伴随着北京城市化进程的加快，资源环境压力日益增大，绿化需求也不断提高。以世界城市作为发展目标的北京与多个国际公认的世界性城市相比，在城市园林绿化建设方面还存在一定差距，需要从多方面进行努力，包括城市绿化覆盖率、人均公共绿地面积、绿地结构、质量、分布均衡性以及园林绿化建设的精细度等。本文通过对比分析莫斯科与北京的绿化现状与绿化建设，为北京绿化提出合理化建议。

关键词：北京与莫斯科绿化情况；绿化建设；绿化面积

城市绿化规划是城市总体规划的重要组成部分，直接影响城市的生态环境、人居环境和人们的工作以及休憩环境。北京市近几年对绿化工作很重视，取得了很大的成绩；但是，距世界一流水平城市的绿化建设还有很大差距。与国外绿化搞得好的城市相比，北京市依然有不小距离。下面将莫斯科与北京的绿化现状与绿化建设进行对比分析，并提出建议。

1. 莫斯科市绿化情况

莫斯科作为俄罗斯首都，是欧洲的第二大都会。据俄学者考证，"莫斯科"一词来源于卡巴尔达语，意为"密林"，因为古代莫斯科河两岸生长着茂密的森林，故有此称谓。后来，由于各种原因，一度被人称为"沙漠城市"。十月革命胜利后,该市加强绿化工作,市区的空地都种上树木花草。即使在饥寒交迫的1918年,列宁仍下令严禁乱砍滥伐。1930年,全市开始实施名为"绿色城市"的城市改建方案。1935年,莫斯科城市规划的内容之一就是在城市用地外围建立10千米宽的森林公园带。1960年,外围森林公园带拓宽,其中最宽处达28千米。1991年初,莫斯科城市新规划把建设"生态环境优越的莫斯科地区"作为城市规划的最终目标之一。经过长期不懈的科学绿化,建成了具有相当规模的城市绿化系统,使今天的莫斯科又重返森林怀抱。目前,全市有12个自然森林区,900多个街心花园和公园,城市绿地率超过40%,人均绿地面积45平方米,成为世界上绿化最好的城市之一。[1]

1.1 莫斯科市绿化简况

近年来,莫斯科的城市面貌发生了日新月异的变化,现有的城市空间格局,即以克里姆林宫为中心的环形放射状空间结构,是在1812年的城市大火之后重建并逐渐形成的。初期城市形成一环林荫路,放射状道路指向圣彼得堡、基辅等重要城市;19世纪后期,建成距林荫路3~4千米的二环花园路,并在道路的交叉点设置众多大型广场。[7]

城市绿化规划与建设工作在莫斯科始终受到重视。尤其是在十月革命后的城市发展进程中,绿地分布的合理性更加得到注重。1918年,苏联政府从圣彼得堡迁都莫斯科,开始对莫斯科周围的森林进行保护规划,并颁布《俄罗斯联邦森林法》和《自然保护法》等法律法规,其中确定了对"莫斯科周围30千米以内的森林执行严格的保护"。

在1935年制定的《莫斯科城市改建总体规划》中提出了完整的绿地系统规划。该规划结合被莫斯科河及其支流网所分割的丘陵地形,在莫斯科用地范围以外建立森林公园保护地带。这些保护地带始于城郊森林,由大片均匀分布的森林组成,并且将成片保护区由几个方向与莫斯科市中心绿地连通起来。同时,在城市用地上还规划建设了新的公园和林荫道,如城市的花园环、林荫道、列宁山公园、伊兹玛依洛沃公园等。这些不同类型的绿地共同组成了莫斯科这个天然氧吧和居民游憩地。到1940年,随着许多大型公园在市区里出现，莫斯科绿地发展到5 000多平方千米。在1960年调整莫斯科城市边界时，"森林公园带"被进一步扩大到10～15千米宽，北部最宽处达28千米，面积从280平方千米扩大到1 750平方千米，森林公园带如同一条绿带环绕市区，被称为"绿色项链"。在1971年通过的《莫斯科发展总规划》文件中提出了新的绿地系统规划内容，包括建立完善的绿地布局和发展更广阔的绿化系统，规划采用环状、楔状相结合的绿地系统布局模式，将城市分隔为多中心结构，把莫斯科郊区绿地同城市绿地连接起来等规划措施。[6]

1.2　莫斯科市绿化建设

1975年，莫斯科市执行委员会批准了《首都绿化总方案》，其规划设计的主要内容：（1）改造与新增绿化用地，即全部保留现有公共绿地，进行改造与恢复，规划公共绿地面积约为19 600公顷，人均约26.1平方米，其中新规划的绿化用地面积约为6 000公顷；（2）组成2条绿化轴，即西南—东北绿化轴和西北—东南沿莫斯科河河湾的水面绿化轴；（3）发展7块楔形绿地，即莫斯科外围规划地区的森林公园，每块面积600～1 300公顷，在城市用地范围以外以森林公园来延续；（4）建立放射环形的区公园、街心花园和林荫道，并与绿化轴和楔形绿地相联系。至此，莫斯科的绿地系统已初具规模。[1、7]

在1991年苏联解体后，莫斯科发展建设所处的经济、社会、政治等环境已发生了重大变化，城市建设逐步恢复振兴，并展现出从未有过的发展活力。针对新的形势与任务，1999年通过了莫斯科城市规划建设发展史上第一部受到法律保护的规划文件——《2020年莫斯科城市发展总体规划》。该规划以"方便市民生活"为城市发展目标，目的是为现在与未来的莫斯科人创造良好的居住环境。该文件一改苏联时期注重政治和意识形态的规划传统，标志着莫斯科地区进入了一个新的转型发展阶段。区别于以往的规划，该次规划主要侧重于综合解决市民的居住问题，主要内容是改造与建设居住用地、改善居住环境，并考虑居住环境的生态安全与自然环境的整体稳定。规划中，提出了许多富有探索性的方法，如在绿地系统规划中恢复城市自然综合体空间的连续性，同时规划还考虑新建部分专类公园、文化公园、体育公共场地和文化中心，进一步扩大绿化用地，使绿化用地总面积从30 000公顷增加到35 000公顷。[1、6、7]

对于莫斯科来说，建立统一的自然综合设施体系具有重要的现实意义。

2011年7月，莫斯科提出新的城市发展规划，以解决由于城市化带来的严重问题，具体包括3个方面：（1）将城市面积扩大到现状的2倍；（2）交通格局由"环形放射状"改为"方格状"；（3）把一些联邦机关迁至新区域。[7]

纵观莫斯科绿地系统规划的历程，可清楚地发现，莫斯科的绿地系统是逐步建立起来的。随着城市的发展，绿地系统布局的合理性不断完善，绿地面积也逐年增长，生态效益也逐年显现。现今的莫斯科城市与森林交融为一体，广阔的自然综合体是莫斯科市巨大的生态屏障和市民的宝贵财富。

2. 北京市绿化情况

2.1 北京市绿化简况

经过多年的建设和发展，城市绿化覆盖率从1980年的20.08%提高到2011年年底的45%；人均公园绿地从1980年的5.14平方米提高到2011年年底的15.5平方米。按照"一环、六区、百园"的要求，全市建成了120平方千米沿中心城外围的绿化隔离带，新建42个郊野公园，公园环格局初步形成。2011年，全市绿化总面积达66 171.56公顷，城市公园绿化总面积达11 456.24公顷，比2007年增长47%（北京市园林绿化普查资料汇编，2005；北京市第七次城市园林绿色普查，2010），城市绿地系统日趋完善，全市10处热岛效应比较集中的地区有9处得到明显改善，市中心区热岛效应面积比例由2000年的52.26%降低到2011年的22.38%。[2]

山区林木建设力度加大，重点发展水源保护林、水土保持林和风景游憩林等。2011年全市新增造林面积4.5万公顷，山区森林覆盖率、林木绿化率分别达到了50.97%、71.35%，形成了林木葱翠、绿绕京城的山区绿屏。[3]

与此同时，北京的绿化也存在一些问题。

北京市绿化总体布局不够合理，中心城区绿量不足：与居民生活密切相关的服务半径约500米的中小型公园绿地仅覆盖64.6%的居住区，三环内绿地率不足25%，居住小区绿地率仅为13.37%。城市中心区规划绿地建设与经济发展需求的矛盾日益突出，"不建、少建、占建"现象严重，城市绿线难以划定，规划绿地不能落实。由此造成绿地总量严重不足，人均占有率低，四环内绿化覆盖率仅30%左右，城市核心区的人均绿地面积只有9平方米，人均公园绿地只有4.4平方米，城市绿地系统尚不能满足城市应急避险和休闲健身的需要。[4]

郊区森林资源质量较差，生态功能不强：北京市森林单位面积蓄积量仅为$28.57m^3/hm^2$、碳储量仅为$21t/hm^2$，分别是全国平均水平的40.1%和46.8%，是世界平均水平的28.6%和29.4%。全市人工造林多为20世纪五六十年代营造的纯林，种类结构相对单一、林木长势衰弱、抗逆性差，存在严重的火灾、虫害隐患。中幼林比重大，占森林总面积的81.7%。低效林、残次林急需改造提升；全市森林70%的林木处于功能亚健康或不健康状态，严重影响了森林生态服务功能的发挥。[5]

人口规模迅速扩张，使宜居环境难于实现：随着人口的持续快速增长，北京市的人口问题日益突显。到2012年年末，北京常住人口已达2 069.3万人，比上年年末增加50.7万人，致使社会服务设施、环境容量、水资源、能源支撑都面临很大的难题。同时，城市的发展和扩张需要大量的建设用地，特别是在"寸土寸金"的城区，绿化用地被挤占、挪用的情况比较普遍，城市绿地系统、科学的布局与规划难以实现。[3、4]

2.2　北京市绿化建设

北京市绿化隔离地区是自20世纪50年代以来历次北京市城市总体规划中规定的市中心地区与边缘集团之间以及边缘集团相互之间的绿化地带。北京市绿化隔离地区自提出以来，尽管总体规模和规划绿地面积一再缩水，但半个世纪以来对该区域的发展控制和绿化建设对北京城市形态的发展、城市环境的影响却是有目共睹，首都也因此在中心城区的周边留下了珍贵的环状绿色空间。[2]

近10年来，北京城市建设的进程可谓日新月异，从区位环境来看，绿化隔离地区正从人口密度低、基础设施条件差的城乡接合部向人口集中、基础设施条件不断改善的城市建设区转化。《北京城市总体规划（2004-2020）》适时提出了利用第一道绿化隔离地区建设"公园环"的规划思路。[1]

在《北京绿化隔离地区公园环总体规划》中，初步规划了新增约60个市域公园、20个区域公园。新增市域公园的平均规模约130公顷，新增区域公园的平均规模约50公顷，大型的市域公园规模甚至达到400公顷，规模超过了圆明园、颐和园。根据北京市注册公园的统计，截至2007年年底，北京市有178个注册公园，其中规模在50公顷以上的公园约20个，100公顷以上的仅有10个。可见，"公园环"的建设将从数量规模上对北京市的公园绿地形成很大的提升。[1、5]

3. 莫斯科市与北京市绿化情况对比

莫斯科市的绿化已经达到了相当高的水平，若干指标在世界大城市中也可名列前茅。因此，该市的绿化工作由于城市绿化系统建设已经完成，现在已转移为进一步完善的阶段，工作重点是在绿化水平相对较低的中心区建立大型绿楔，使之补充居住区内绿化系统，做法是拆除保存价值不大的房屋后，在原址建设公园、花园或者林荫道，以及恢复小河流等。[1、6、7]

北京市的绿化工作较之以前确实有很大提高，但与莫斯科市相比差距较大。城市绿化系统需要花大气力建设和完善。在城市建设速度加快、房地产业已经形成对城市规划，特别是对绿化规划不断冲击的时候，应保持清醒的认识。

北京与莫斯科城市绿化工作相比较，最大的差距主要在大环境绿化上，在公园、花园、林荫道的规划和数量上，在城市森林公园保护带（绿化隔离带）的面积上，而居住区等的绿化水平相差并不是很大。若想缩小此差距，就应在实际工作中以"大绿化"（指建设公园、花园、片林、森林公园、大型公路绿化环带、绿楔）为主，且规划的绿化建设项目应该具有一定的规模，同时注意形成系统，在"大"上下些功夫。提高城市自然、生态环境的根本因素在于"大环境"，最终解决问题的还是"大绿化"。零散的绿地是需要，居住区绿化面积要达到 25%～30% 的指标也是要坚持，但若没有了"大绿化""大环境"，提高城市绿化覆盖率和人均公共绿地面积（尤其是中心区的）是非常困难的。在制定绿化规划时，就要在若干区域集中规划出几处公园、花园等（政扩建也可）作为市级的绿化项目，各区县也划定若干区县级绿化项目，一定规模的居住区（或成片改造时）也要通盘考虑，事先留出一定数量、规模的绿地面积。总之，绿化要有"大"和"规模"的概念。[3、5]

4. 对北京市未来绿化建设的几点建议

与我国国情不同，莫斯科城市人少地多，城市面积为 1 081 平方千米，人口约为 1 000 万，但我国许多城市在城市规划之初就受到莫斯科的影响，如哈尔滨在老城区的道路系统布局中有明显的环形布局痕迹，绿地系统布局至今也与莫斯科的绿地系统布局存在着相似之处，又如莫斯科的"绿色城市"概念与我国今天的"宜居城市"概念非常相似。因此，总结莫斯科绿地系统规划建设的经验，将对我国有一定的指导作用。

4.1　构建城乡一体化绿化体系

城市绿地系统布局规划不能局限于城区，应学习莫斯科所实施的城乡一体化绿化格局，大力保护和营造城市外围的郊野公园与森林公园，并将其与城内的绿地相连通。城市的"绿肺"不仅仅是城市公园，而是城乡之间广阔的生态绿地。现今城市尤其需要进行区域联合，形成都市圈、都市带，把城市和区域生态系统充分结合，保护好区域生态绿地空间，解决城市环境问题，使较大范围的城市区域能够协调共同发展。

目前我国的城市绿地系统规划多注重城市规划区内建设用地的绿化，

对外围区域的考虑较欠缺。在这方面，可借鉴莫斯科的相关经验，将城市绿地系统规划在整体结构方面扩大到市域规划乃至更大范围，使其形成大区域背景下的城乡绿地一体化，从而发挥更强大的生态效益。

4.2 建构自然综合体，形成城区生态绿色廊道系统

随着城市生态学研究的不断深入，人们逐渐认识到建立具备自然特征的各类绿色生态廊道系统，如滨水绿地，具有较高的生态价值。莫斯科通过规划连接自然综合体形成绿色廊道系统，即通过绿化带将城区内的公园、水体、林地、防护绿地等连接起来，并与城外的绿化区域相贯通，从而形成一个有机的整体，并能为野生动物提供廊道和栖息地。

目前我国的城市规划存在着对用地现状充分保留的问题，多数用地现状的性质不被改变。此举有悖于生态学的原理。可参考莫斯科的绿地系统规划模式，建构自然综合体体系，形成城区生态绿色廊道系统，并使之有机相连，可以对改善城市生态环境起到事半功倍的效果。

4.3 合理进行城市规划

我国城市在扩张过程中对城市绿地建设造成了诸多问题，如对绿地的预留不足、变绿地为建设用地等。因此，应合理进行城市规划，不能盲目扩大城市规模而忽略城市绿地系统规划。可以借鉴莫斯科自然综合体的规划，最大限度地避免破坏原有的自然综合体绿地布局，在合理规划的基础上，保护现有绿地。在实际工作中，如何在保护的基础上进行合理的绿地系统规划，将是今后研究的重点。

参考文献：

[1] 郑西平. 北京城市道路绿化现状及发展趋势的探讨[J]. 中国园林，2001，17（1）：43-45.

[2]郑西平，张启翔.北京城市园林绿化植物应用现状与展望[J]. 中国园林，2011（05）：81-85.

[3]郭竹梅，徐波，钟继涛. 对北京绿化隔离地区"公园环"规划建设的思考[J]. 北京园林，2009（4）：7-11.

[4]李薇，李延明，王月容.基于生态文明建设的园林绿化发展策略研究——以北京为例[J].林业经济，2015（5）：89-92.

[5]李春红，李广艳.生态城市建设与城市园林绿化[J].中国园艺文摘，2011，27（1）：81~82.

[6]周长兴.莫斯科市绿化情况介绍及对北京城市绿化工作的几点建议[J].北京园林，1997（3）：38-43.

[7]周家高.绿色都市——莫斯科[J].城市问题，1991（2）：62-63.

以莫斯科河为例，浅谈城市河流河岸建设

许新月　北京理工大学管理与经济学院

摘要：城市河流对城市的形成、发展、壮大及提高其竞争力有着重要的、不可替代的作用。而北京市中小河流的水质虽已得到妥善治理，但依然存在水质治理、环境规划等问题。本文从河岸的角度入手，对比莫斯科河的规划建设，从其环境建设、经济建设、人文建设三个方面进行分析归纳，探讨对北京市中小河流可参考的建设意见，以期对其河岸建设的修复和改造起积极作用。

关键词：河岸建设；环境治理；城市河流；莫斯科河

在过去的几十年中，由于环境让位于经济发展，河流没有得到很好的保护，一些河流由于城市工业化的进展变成了臭名昭著的城市垃圾河。近年来，它们的水质已得到了很大的改善，河面的垃圾也已得到妥善的治理，然而工作却远没有结束。横平竖直的河岸、整齐却突兀的绿植，这些打上了人工烙印的美化建设很显然无法让居民有舒适惬意的体验。随着经济的发展，人们对居住环境的要求越来越高，这也就意味着城市中的河道建设不仅仅要做到干净整洁，还需要兼顾河道的功能多元化，对河道水资源合理配置、对河道两岸资源进行有效的开发利用，使之发挥出更佳的社会效益、经济效益。

随着人们对城市河流建设意识的加强，20世纪90年代以来，我国许多城市将自身的特点结合河流现状环境，进行了比较细致的规划、设计和建

设。以综合治理为目标的我国大型滨河开发项目有天津的海河沿岸规划、南京"十里秦淮风光带"项目规划、上海的苏州河整治再开发项目等，均以改善城市河流生态环境为目标，同时将人文景观与河流自然景观结合起来，为市民提供了多功能的滨河开放空间。

但由于我国的城市河流生态景观设计尚处于刚刚起步的阶段，规划体制、设计方法等各方面都存在不足之处，很多的城市对河流的规划设计很少考虑城市人群对河流的自然需求，对河流生态景观环境的建设完全忽略了河流的自然属性，对水域护岸的生态保护也极端忽视，河流仅仅被作为防汛和泄洪通道，以致进行人工化的景观整治与建设流于表面工作。这些都严重影响了我国城市河流水域区的建设效果。

在这些方面，我国还需参考国外优秀案例，适当借鉴，为我国城市河流河岸规划建设提供更完善的方案。本文通过对莫斯科河河岸建设的分析，对比北京市中小河流，提出改善意见，以推动改进北京市河流河岸建设的步伐。

河流水系景观丰富了城市的骨架，提高了城市景观的多样性，为城市的舒适性和可持续性提供了一定的物质和精神基础。1989年《鹤见川河流管理基本规划》提出了"以河流作为横滨城市发展的坐标轴线，挖掘河流的自然性、空间性、生活性、历史性和文化性"的理念，城市河流规划已将城市河流生态景观发展作为重要发展轴线。国际学术界对城市河流景观问题建立了多个专门的研究中心，举行了数次国际会议。当今，欧美经济发达国家已普及了"多自然型城市河道生态修复技术"，以实现、再生"自然与人的和谐共处"的生态环境，并从景观规划的角度建设生态河流与生态城市。规划合理的城市河流河岸建设不仅能满足城市居民的日常生活需求，还能为城市带来明显的环境效益、社会效益和经济效益。

1. 城市河道的环境效应

国内外城市河流大都经历过水资源缺乏和水污染的问题，如穿越伦敦的泰晤士河、莫斯科市的莫斯科河、流经巴黎的塞纳·马恩省河和上海的苏州河等，这些河流在城市化的过程中大都遇到了和目前北京河流水系类似的问题。经过多年治理后，不仅解决了这些河流水质污染问题，为城市居民提供了稳定、高质的可饮用水资源，同时它们的景色和沿河两岸的历史文化古迹交相辉映，已经成为这些城市的品牌和著名景观。

良好的河岸景观使城市河流成为不同于城市单调的钢筋混凝土建筑的丰富的自然景观，提供了让人可以亲近自然的场所，也为居民创造了更多的休闲空间。河流两侧的绿地建设不仅将城市河流水系改造成绿色的生态廊道，而且大大增加了城市中的绿地面积。河道绿化提供了遮阴避阳的休憩场所，同时，对于噪声、污染以及风沙的防御都有明显的作用。

2. 城市河道的经济效益

城市河道除了能发挥自身水资源储存、利用的优势，为城市带来可利用的水资源外，若通过对城市河道水系的生态治理，积极改善周边气候，提升生活环境，使河道两边土地升值，改善旅游投资环境，便可进一步促进经济发展，因此城市河道建设具有极大的经济效益。

3. 城市河道的人文效应

城市的发展与河流息息相关。因此，在河流生态景观设计中，也应该通过自然景观和人文景观元素，将历史景观和文化遗产连接起来，保证历史文化的延续性。着重于历史、文化的景观建设，不仅能提升城市形象，也能为居民提供一个高品位的绿色休闲和亲水空间。

4. 北京市中小河流现状

历史上，北京因为有着纵横交错的河流湖泊、丰富的水资源，创造出了深厚的历史和文化。全市300余条中小河流是北京可持续发展的关键资源和环境因素，对经济、社会和文化发展都有着重要的影响。

然而，随着北京社会经济的快速发展、人口的急剧增加，在河流治理过程中，政府首先选择了硬化河道、修建拦河闸坝等措施，短时间内解决了水资源短缺的问题，但这种工程治河模式导致河岸建设方面有较明显的两个缺点：

（1）环境功能人工化：大部分河岸的规划建设将河流景观理解为平整的河岸、整齐的绿化，为之打上了明显的人工烙印，从而缺乏自然景观本该有的随性与自然。

（2）生态功能边缘化：河流功能可为动物提供栖息地、调节气候、净化空气，对人类社会发展影响重大，但往往与社会直接利益关系不大。由于规划时认识不足，河流的生态功能多被忽视。

随着人们对河流生态功能认识的深入、对河流生态功能的日益重视，生态治河必将成为北京市治理中小河流的首选模式。北京市对河流河岸的开发治理也还有很大的改进空间。

5. 莫斯科河河岸建设模式

5.1 莫斯科河概况

莫斯科位于俄罗斯平原中部，地跨莫斯科河及其支流亚乌扎河两岸，莫斯科市就得名于莫斯科河。莫斯科河是当地人心目中的"母亲河"，许多著名的建筑都依河而建。该河全长502千米，横穿整个莫斯科市，流经市区部分约80千米，河道宽200米左右，最宽处达1千米。莫斯科虽地处内陆，但由于莫斯科运河将莫斯科河与伏尔加河相连，水上交通可直达海上。

5.2 环境建设

1918年，莫斯科被重新定为首都后，城市得到迅速发展。人口激增导致全市用水量急剧增加，人们几乎迅速耗干了这条母亲河。由于水位下降，莫斯科河许多地段露出了河床，航运也被迫中断。昔日河水清澈、水量充足的莫斯科河变成了一条污浊不堪、臭气冲天的水沟。

为根本改变恶劣的水质状况，政府决定对莫斯科河实施大规模治理工程。工程人员首先疏浚市区内的河段，挖除了河床上厚达半米的污泥，再把从伏尔加河运来的沙砾填铺到河底。此后，这一方法又应用于亚乌扎河的治理，都取得了良好的效果。

经过数十年的不断治理，如今莫斯科河的生态环境已经明显改善，曾经消失的鱼类重新出现在碧波之中，两岸绿树成荫，风景秀美。莫斯科河河岸沿线也成为本地人休闲放松的好去处、各国游人不可错过的景点。

5.3　经济建设

莫斯科河是莫斯科水运通道中的主要河流。至今仍然可以看到许多商船在莫斯科河上来来往往。莫斯科虽地处内陆，但由于莫斯科运河将莫斯科河与伏尔加河相连，水上交通可直达海上。加之伏尔加河至顿河运河的通航，莫斯科成为通达波罗的海、白海、黑海、亚速海和里海的"五海之港"，市内3个河港年货运量达2 900万吨。

同时，由于莫斯科河穿城而过，河畔有许多著名景点，便由此衍生出一条观光旅行路线，成为世界各地游人在莫斯科的必游路线之一。此外，乘船游览莫斯科的不仅是游客，许多莫斯科市民也会在闲暇的时候来体验一下莫斯科河之旅。在通航季节，莫斯科河游船每天都有几轮固定班次，游人在买票登船欣赏莫斯科河沿线美景的同时，还可观赏船上热情的当地人带来的精彩表演，客人还可以根据自身喜好，选择俄餐或西餐，在碧波荡漾中享受一顿美食。可以说，莫斯科河游船已经发展成为一条成熟稳定的旅游线路，其带来的经济效益也是非常可观的。

5.4　人文建设

1147年，莫斯科沿莫斯科河而建，也得名于莫斯科河，从莫斯科大公时代开始，到沙皇俄国、苏联、俄罗斯联邦，一直担任着国家的首都，迄今已有800余年的历史，是世界著名的古城。莫斯科河全长502千米，横穿整个莫斯科市，仅流经市区部分就长达80千米。在当地人心中，"她"并不仅仅是一条生养他们的河流，更是一条被寄予情怀的"母亲河"。

莫斯科人据河而生，依河而活，他们工作在莫斯科河边，嬉笑在莫斯科河边，生活在莫斯科河边。河流的景观规划以人为主体，充分满足了人们回归自然、亲近河水的需求。现在的莫斯科河河岸建设满足了人们对工作、休闲、文化等的需求。河岸两边的餐厅、商铺、疗养院，桥上拉着手风琴的艺人和驻足倾听的路人，河岸围栏的精致雕塑……无一不体现出莫斯科这座城市的文化底蕴，而这一切都离不开莫斯科河。

这座城市和莫斯科河相辅相成。莫斯科河滋养着这里的人们，同时这里的人们也让这条河保留了最美的样子。人和自然的相生相依让莫斯科河有了更大的意义。

6. 对北京市城市河流河岸建设的提议

首先，在城市河流规划建设方面，德国在20世纪80年代末就提出了"近自然型河流"概念和"自然型护岸"技术，即河流规划与建设应以接近自然为标准。莫斯科河的河岸建设在很多方面都非常符合这一观念。在保留河流原始面貌的同时，也给人们提供了一个亲近自然的机会，而在北京却鲜少有这样的地方。相信在人口多、生活节奏快的北京，一条自然可亲近的河流一定会成为人们心中绝佳的休闲之地。在已建成的城市中再进行改造，难度会比较大，不过可以在已有公园内对小型河流、湖泊进行河岸改造，不影响城市道路的日常活动，同时也为公园带来了更高的休闲价值。

其次，北京几乎没有因河而起的稳定经济商业活动。而这是和河水质量与河岸建设息息相关的。在水质和河岸环境状态都良好的情况下，必然会带动周边土地增值，吸引商家落户，发挥应有的经济效益。而这一状态的可持续发展便要求商家与客人都具有保护河岸环境的意识。鉴于北京目前人口密集且来源复杂，实现这一前提条件有些困难，所以建议可依河建立疗养院等正规机构，一来为环境保护做了保障，二来减缓了些许空巢老人的压力。

7. 结语

河流景观由于其多因素、大范围的影响力，反映着一个城市的建设和管理水平还有人民的休闲娱乐水平，而河岸的建设必须让人可接近、使人产生愉悦感才能使河流的自然属性发挥出原本的优势。本文通过分析莫斯科河河岸建设的优势，给北京市中小河流提出相应建议，希望日后北京市河流河岸的建设能够得到改善，实现环境效益、经济效益、人文效益的和谐统一，为城市的可持续发展创造积极、良好的水资源环境。

参考文献：

[1]魏恒文. 北京市中小河流治理模式探讨[J]. 工程建设与管理，2010（4）：33-36.

[2]高鹏. 城市河流生态景观规划设计浅析[J]. 景观·河流，2007（3）：44-46.

[3]王新宇. 以休闲及旅游为导向的城市河流景观营造初探[J]. 装饰，2015（4）：124-125.

[4]付飞，董靓. 城市河流景观规划设计研究现状分析[J]. 城市发展研究，2010（12）：8-11.

俄罗斯环境保护法律制度对
我国生态保护的启示

雷博洋　北京理工大学法学院

摘要：本文主要以《俄罗斯联邦环境保护法》为研究对象，探讨俄罗斯相关环保法律的立法模式，并重点介绍俄罗斯的生态警察制度，以及相关行政监督机制，以此分析中俄两国环保法律制度的联系和区别，为我国改善环境资源现状、完善环境保护相关法律制度提供一定的参考和借鉴。

关键词：俄罗斯；环境保护；法律制度；法典化；环保警察

俄罗斯是一个有着悠久历史的美丽国度，在广袤的土壤上有着丰富的自然资源，孕育着独特的人文风情。作为我国的北方邻国，俄罗斯联邦其地域北至北极圈内，南至里海，横跨亚欧大陆，环境种类复杂多样，自然资源非常丰富。但是由于20世纪几十年来不惜一切代价发展和实现工业化，苏联共产主义对于自然资源的开采利用很少顾及未来的环境质量，以致很多地方生态恶化，形成了生态灾区。

苏联解体后，俄罗斯联邦继承其大部分的领土，针对日益恶化的环境，从20世纪的90年代初，全面着手制定环境法律规范以保证资源的持续利用和拥有一个更好的环境。俄联邦相继颁布了《自然环境保护法》等一系列法律法规。进入21世纪以来，随着世界环保立法的进一步发展，新的立法思路及价值趋向也更新发展。俄联邦政府于2002年1月10日正式颁布了新的环境保护法，从而取代了1991年的《自然资源保护法》。新的《俄罗斯联邦环境保护法》以及《俄罗斯联邦生态评估法》体现了俄罗斯在环境资源保护和管理方面新的理念、指导思想和价值趋向，规定了环境资源保护的基本原则、基本制度，反映了其环境资源管理的发展趋势向[1]。

我国同样是一个自然资源大国，然而当前在经济发展过程中仍然面临着生态环境恶化的趋势，城市雾霾严重，城市绿化率小，农村垃圾处理混乱等问题，对于我国人民的身体健康和生活品质以及经济的可持续发展造成了不良影响。

我国自改革开放以来，社会各领域积极向以欧美为主的西方国家学习先进经验，对于我国的北方邻国俄罗斯的关注度和研究有所下降，有关俄罗斯的最新环保政策和法律制度方面的研究资料也较少。然而，相比而言，俄罗斯在短期内将过去苏联时期大力发展重工业造成的环境污染治理得较为妥善，加之俄联邦特殊的历史文化背景，其环境资源保护相关法律及行政规定也独具特点，了解俄罗斯环境保护法对于我国解决环境资源现状和加强环境保护立法，应具有重大的研究价值和借鉴意义。

1. 俄罗斯环保法律立法概况

1.1 《俄罗斯联邦环境保护法》概述

《俄罗斯联邦环境保护法》于2002年1月10日正式颁布实施，全文一共十六章84条，第一章为总则部分，主要阐述了涉及本法的基本概念、法律渊源、环保基本原则和环境保护对象。第二章、第三章进一步阐述了环境保护的管理基础和各权利主体在环境保护领域的权利和义务。之后的章节主要涉及环境保护领域的经济调整、标准制度、环境影响评价和生态鉴定、对进行经济活动和其他活动的环境保护要求、生态灾难区和紧急状态区、受特殊保护的自然客体、国家环境监测和环保监督、环保科学研究与建设生态文化、违法环境保护法规的责任和环保纠纷等处理以及环保领域的国际合作等内容作了规定[2]。

1.2 《俄罗斯联邦水法典》概述

俄罗斯关于水资源保护的立法体系经历了一个长期的发展变化过程，

最早曾在《关于地带资源及其开采的条例》中体现了对水资源的管理，后来进入苏联时期，虽然有一些关于水资源管理保护的法条内容出台，但基于苏联时期重视资源开发利用，轻视环境保护的现实状况，俄罗斯的水资源立法体系并没有实质性发展。1991年苏联解体后，俄罗斯联邦政府非常重视水资源的保护和利用，于1995年制定颁布了《俄罗斯联邦水法典》，在水法典中明确规定了俄罗斯联邦境内水体的归属权，细化了国家、地方政府、生产企业及个人的水权范围，同时也为水资源的开发、利用和保护做出了具体系统的规定[3]。

相比而言，我国对于水资源管理相关法律条文比较分散，分布于我国的《中华人民共和国宪法》《中华人民共和国环境保护法》等各法律单行本之中，还有很大的法律空白需要填补与完善。

1.3《俄罗斯联邦土地法典》概述

与对水资源的管理一样，俄罗斯联邦政府对土地资源的管理也十分重视。政府于1992年颁布施行了《俄罗斯联邦土地法典》，对涉及土地资源管理与利用做了系统的规定。具体来说，《俄罗斯联邦土地法典》首先将土地按用途分为七个等级：农业用地、居民用地、专业用途用地、特别保护区（其中又包括森林资源用地、水资源用地和储备用地）。其次对于土地管理，主要有土地规划、建立国家地籍和国家土地监测与监督三个方面[4]。

相比而言，我国对于土地利用类型的分类较为简单，《中华人民共和国土地管理法》第4条中确定了我国对土地实行用途管制，并将土地分为农用地、建设用地和未利用地。而俄罗斯对土地的分类则细致到农业用地；居民区用地；工业用地、动力用地、交通用地、通信用地、无线广播用地、电视信息用地、国防安全用地、保证宇航后盾用地和其他专门用途用地；特别保护区域用地和被保护客体所占的土地；森林资源用地、水资源用地和储备土地[5]。由于分类非常细致，并且对于每一类土地的保护和利用都做了详细地规定，因此俄罗斯联邦的土地法典比我国的土地管理法更具有可操作性和执行性。

尽管我国人口数量庞大，人均土地面积小，这与俄罗斯国土辽阔却又人烟稀少的国情无法相比，但是人口数量不应是我国土地问题日趋严重的主要原因，人口过多确实是造成我国土地资源紧张的重要因素，但在经济建设过程中所造成的建设用地铺张浪费、耕地面积减少、城市绿化率小等问题，是可以通过合理的规划和法律制度予以改善和避免的。而对于土地类型的划分不太细致，容易造成在面对具体土地问题时出现适用上的模糊，进而造成责任承担主体的模糊。因此，俄罗斯联邦对土地管理所采取的特别细致的划分方法，是值得为我国土地管理法律制度所借鉴的。

2. 与我国环保法的对比

2.1 俄罗斯的立法模式更为严谨

《俄罗斯联邦环境保护法》最独具特点的是其第一章总则部分的第一条是对法律基本概念的阐述。《俄罗斯环境保护法》第一条中对基本概念做出解释说明的如下：环境、自然环境、自然环境要素、自然客体、自然人文客体、人文客体、自然生态系统、自然综合体、自然景观、环境保护、环境质量、良好环境、不良的环境影响、自然资源、自然资源的利用、环境污染、污染物、环境保护标准、环境质量标准、允许的环境影响标准、允许的人为环境负载标准、工艺技术标准、化学物质、其他物质和微生物的最高容许浓度标准、允许的物理影响标准、环境影响评价、环境监测（生态监测）、国际环境监测（国际生态监测）、环境保护监督（生态监督）、环境保护要求、环境审计、现有最佳工艺技术、环境损害、生态风险和生态安全。该条款共对34个俄环保法涉及内容的名词术语做出了解释说明，可见俄罗斯环保法立法者的严谨态度和俄罗斯对于环保立法的重视程度。

在我国2015年新修订实施的《中华人民共和国环境保护法》中，全文包括附则部分共七章70条，第一章为总则，主要阐述了本法制定的原因和目的、基本原则和各权力主体的权利义务等，第二章至第六章分别为监督管理、保护和改善环境、放置污染和其他公害、信息公开和公众参与、法律责任部分，最后第七章为附则。

由于俄罗斯环保法在其第一条对于环保法基本概念做了详细的解释说明，使得俄罗斯环保法内容充实严谨，并且容易理解，不存在由于法律概念和用语的模糊而出现理解偏差的问题。对比来看，在我国环保法中，第一条为对本法制定的原因和目的说明，而涉及对法律基本概念解释的仅仅只是第二条："本法所称环境，是指影响人类生存和发展的各种天然的和经过人工改造的自然因素的总体，包括大气、水、海洋、土地、矿藏、森林、草原、湿地、野生动物、自然遗迹、人文遗迹、自然保护区、风景名胜区、城市和乡村等。而在俄罗斯环保法中涉及对环境的解释有第一条第一款至第六款："环境——自然环境要素、自然客体要素和自然人文客体以及人文客体的总和；自然环境——自然环境要素、自然客体和自然人文客体的总和；自然环境要素——总和起来为地球上的生命存在提供良好条件的土地、地下资源、土壤、地表水和地下水、大气、动植物界和其他生物体以及大气臭氧层和地球周围的宇宙空间；自然客体——自然生态系统、自然景观及其保留着自然天然属性的组成部分；自然人文客体——因经济活动和其他活动受到改变的自然客体，和人为造就的并取得自然客体属性的和具有休闲及防护意义的客体；人文客体——人为了社会需要造就的不具有自然客体属性的客体。"

由此可见，俄罗斯环保法对于基本概念的解释十分详细与严谨，而我国环保法对于基本法律概念和名词术语的解释不够重视，然而基本概念对于一部法律来说是十分重要与关键的，基本概念含糊不清或者解释不够全面到位，就会造成这部法律难以理解，浮于表面，不能真正解决现实中具体的法律问题。

2.2　俄罗斯环保法法条内容更加具体详细

我国环保法律还存在着法条内容用词比较简练，从而导致法律规定不够具体深入的问题。而相比较而言，俄罗斯环保法中的每一法条的内容都显得很"厚实"，如对于国家机关在环保领域的职权的规定中，我国环保法在总则部分第六条提到"地方各级人民政府应当对本行政区域的环境质量负责。"然而具体要如何负责，承担怎样的工作，我国的环保法并没有说清楚，然后在第七条强调了国家支持环保科学技术研究，第八条规定各级人民政府应当加大保护和改善环境、防治污染，以及在第九条提到各级政府要负责环保宣传教育等，均是比较宏观的政策性要求，没有做出具体的规范，只是在本法第二章对于监督管理用了较多的法条来说明，但是仍然不够具体深入。

而在俄罗斯的环保法中，在第五条俄罗斯联邦国家权力机关在环境保护关系领域的职权中有"保证执行俄罗斯联邦生态发展方面的联邦政策、制定和颁布联邦环境保护法律及其他规范性文件并监督其执行、编制、批准并保证实施俄罗斯联邦生态发展方面的联邦规划"等共计多达27款关于国家相关行政机构职权的规定，并且在其环保法第六条至第九条中又分别对国家权力机关和地方政府部门的环保行政职能做出了多达24款不同职能职责的规定。

由此可见，俄罗斯对于环境保护的重视程度和认真态度是非常坚决的，对于我国环保法律制度的完善来说，俄罗斯环保立法所采用的列举式的立法模式值得我国参考借鉴。同时，除了立法方面，俄罗斯在相关环境保护行政管理监督体制方面也颇有特点。

3. 俄罗斯环保行政管理机制

3.1 部门设置

俄罗斯联邦的环保部门主要是由俄罗斯自然资源与生态部集中负责，其行政地位相当于我国的生态环境部。俄罗斯自然资源与生态部下设俄罗斯联邦自然资源利用监督署、生态技术和安全监督署、矿产资源利用监督署、水资源署和水利天气与环境监测署几个主要的下属机构[6]。

在部门职能方面，俄罗斯自然资源与生态部与我国生态环境部相同或类似的职能主要有负责相关环保法律制度的完善、负责重大环境问题的统筹协调、履行环境监督职能、负责制定环保标准，以及负责开展国际环保交流与环保教育宣传等基本职能。除此之外，俄罗斯自然资源与生态部还有一些独特的职权，如对其职能规定的第一条赋予其有权废止其他权力机构发放的许可证，有权终止违反生态法规、标准和国家生态鉴定结论的建筑使用、建设和改建项目，以及承担保障组织和实施国家生态鉴定、矿藏储备国家鉴定，提供影响水环境和水保护区环境建设和改建项目用于可行性和设计文件的地质、经济和生态信息资料，组织矿藏地质研究设计预算经费鉴定等[7]。

与我国的部门机构设置不同的是，俄罗斯将环境保护和资源保护职能整合统一在一个部门，且行政权限比较大，有利于发挥职能作用；而我国则分散在环保、水利、国土、林业、气象等多个部门，各个部门的职能和权限存在交叉，时而造成"九龙治水"的情况。

3.2 监督机制

俄罗斯对于有关环境保护和自然资源利用的执法监督机构是由俄罗斯自然资源与生态部和俄罗斯生态安全国家监督总局及下属地方机构组成，并与俄罗斯的国家水利、地矿、林业等部门相互配合。在俄罗斯的生态保护监督体系中，俄罗斯生态安全国家监督总局及下属地方机构是核心，其主要任务是履行对俄罗斯矿产资源、土地资源、森林资源、水资源、海洋资源以及大气、动物世界和生物多样性保护的研究、合理利用和开发。

同时，俄罗斯还专门设置国家环境保护监察机构，有专门的监察员负责具体的监督事务。环保监察员有权对机关、从事生产和其他活动的各种所有制形式的企业进行检查，有权检查遵守环境保护规范、国际和其他规定情况、检查净化设施、其他无害化处理设备和检测设施的工作以及通过警告、揭发和上诉的方式制止违法环境保护法有关规定的企业和个人的责任[8]。

在环境监督上与我国不同的是，2018年3月以前我国国家层面的执法机构为国家环境保护部下属的环境监察局，环境监察局是隶属于环境保护部（现为生态环境部）的，而不是一个单独的执法部门，其与地方执法部门是业务指导关系；而在俄罗斯的机构设置中，俄罗斯自然资源与生态部相当于我国的环境环保部，而俄罗斯生态安全国家监督总局是一个独立的行政部门，与俄罗斯自然资源与生态部不是上下级的关系，而是平级关系，这就意味着俄罗斯生态安全国家监督总局的工作不会受到其环保部的干预和制约，从而保障了其履行监督职能的有效性。

3.3 俄罗斯生态警察制度

俄罗斯生态警察（Экологическая полиция）队伍于1996年在俄罗斯首都莫斯科成立。当时莫斯科市政府为应对难以管理的城市环境违法现象，联合俄罗斯内政部建立了"莫斯科预防环境违法警察管理局"，以应对和打击环境违法行为，后来此做法推广到了全国，成为俄罗斯生态环保执法的重要力量。

俄罗斯生态警察的主要职责有：预防环境犯罪和行政违法；为环境保护机构及工作人员的正常活动和安全提供保障；对城市和其他自然保护区实行监管。除此以外，俄罗斯生态警察的权限范围很宽，如有权检测汽车尾气排放、监督垃圾处理、查处偷渔偷猎、查处私搭乱建房屋、检查工程的环保措施和设备、保护水资源不被污染，以及各商店和集市的食品卫生质量等都是俄罗斯生态警察的工作，甚至如果邻居播放音乐的声音过大影响到周围居民的正常生活，或者有人将汽车停在居民区的绿地上，都可以打电话向生态警察举报，生态警察便会前来干预并处以相应的罚款[9]。

俄罗斯生态警察执法力度强硬，在执法时配备了手枪甚至冲锋枪等武器，这就使得持枪执法的生态警察对于环境违法者的威慑作用要远远大于环保部门开出的罚款单。同时，这也使得生态警察能够对某些不配合的部门、企业进行强行检查，并负责调查取证，对违法者提起刑事诉讼。再加上生态警察在执法时与各环保部门的协调合作，使得在俄罗斯，相关个人或企业首先是畏惧生态警察所拥有的暴力权力。因而在面临一些较为复杂和棘手的环境违法问题时，生态警察能够将各环保部门的管理权力集中起来，迅速处理破坏环境的案件，起到防止因各相关部门权限职责不明而使得环境问题久拖不决的作用。

俄罗斯生态警察制度，对于具体贯彻落实俄罗斯相关环保法律、保护俄罗斯的生态环境和自然资源起到了重要的作用。

4. 对于完善中国相关环保法律的几点建议

4.1 环保法律法典化

在立法界，世界上大多数大陆法系国家都制定有刑法典和民法典，法典较一般法律条文或法律单行本不同，法典将涉及该法律管辖范围内的一切内容都涵盖编撰，进而成为一部系统而全面的法律文件。制定一部法典体现的是对该法律领域的重视和对受该领域法律保护对象的认真负责态度。

就目前我国的环保立法状况而言，新的《中华人民共和国环境保护法》作为基本法规，规定的主要是基本的环保框架，体现的是基本的环保理念和环保原则，过于抽象；而具体到各个环保领域的法律单行本又不可避免地出现法律冲突，法条之间联系性不强，导致各自为政；进而使我国环保立法领域呈现出比较分散、不够系统、抽象性强、不适合操作的特点[10]。

而俄罗斯的环保法律以《俄罗斯联邦环境保护法》为核心，不仅为环保领域起宏观指导作用，还规定了具体的操作规范；具体到各环保领域，如水资源和土地资源领域，还单独制定了一部水法典和土地法典来保护相关自然资源，从而形成了一个既全面完整又具有逻辑性和系统性的环保立法体系，使俄罗斯环保法律为俄罗斯的环境保护发挥了巨大的作用。

因此，我国应该加快环保法律的法典化进程，将过去分散的法律单行本的内容集中于一部环境保护法典中，从而建设一套统一严谨而又具体周全的环保立法体系。

4.2 环保法律内容规定应更加具体

我国的环保法律得不到坚决的贯彻落实与执行，很大程度上也与环保法律制定内容上所存在的缺陷有关。无论是新"环保法"，还是具体的水资源、大气污染防治等特别法，都普遍存在法条内容过于框架化、过于笼统模糊、不够深入和具体的现象。而法条内容对某一环境问题规定的过于笼统，实际上在这一环境问题上就造成了无法可依的法律空白，因为光是单纯的像环保基本原则这样的基本性规范是无法解决现实中出现的各种具

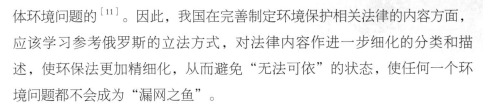

体环境问题的[11]。因此，我国在完善制定环境保护相关法律的内容方面，应该学习参考俄罗斯的立法方式，对法律内容作进一步细化的分类和描述，使环保法更加精细化，从而避免"无法可依"的状态，使任何一个环境问题都不会成为"漏网之鱼"。

4.3 设立环保警察制度

俄罗斯的生态警察队伍对俄罗斯的生态环境与资源保护发挥了重要作用。不仅是俄罗斯，在德国、澳大利亚、美国、法国等国家都设置了类似的环保警察制度，环保警察成为贯彻落实环保法律的具体践行者和维护者[12]。

在我国，近年来在某些省市（如云南昆明市等）相继尝试建立了环保警察体系，不过仍处于起步阶段，面临诸多问题。如在机构设置和人员编制上，职责不明确，存在是由地方环保部门负责组建还是由公安部门或者其他部门负责的问题；在技术上，面临生态环境监测和污染评估缺乏专业仪器和专业知识背景人员的问题；在执法上，面临缺乏相关明确的法律作为指导和依据的问题等。然而，纵观各国的环境保护情况，环保警察队伍在落实环保法律、保护生态资源的过程中发挥了不可替代的作用。我国也应该参考国外优秀经验，制定出符合我国国情的环保警察制度。

具体而言，首先应该制定专项法律法规，将环保警察制度及其执法依据法律化，从而使得环保警察在执法中有法可依、职责明确；其次在机构设置上，应由国家公安部主导，在刑警、民警、交警之外，成立一个独立的警种，即环保警察，并设立相应的行政组织，而在地方的队伍筹建中，各地方环保部门应协调配合，提供具有相应专业知识背景的人员和专业仪器，从而组建一支具有专业综合素养的环保警察队伍，为我国的环境与资源保护贡献力量。

4.4 进一步提高国民的环保素养

俄罗斯的环境与资源保护状况比较好，除了相关法律比较完善、得到了有效贯彻落实之外，与俄罗斯国民普遍具有较高的环境保护意识有着很大的关系。而这主要缘于俄罗斯公民从小接受的家庭教育和学校教育以及长期受到的城市文化的影响有关。在长期的历史文化影响和成长教育下，俄罗斯人从小就很自然地形成了环境保护意识和习惯，以至于爱护自然、杜绝制造污染已成为他们人性的一部分。而事实上，不仅是俄罗斯，欧洲普遍发达国家以及近邻日韩等国，爱护环境卫生很自然地成为公民意识习惯的一部分，成为一种社会道德文化，而无须政府或学校做过多的宣传和教育。

由于受到历史等诸多因素的影响，我国公民的整体环保意识还亟待提高，在完善与落实环保法律的过程中，加强环境与资源保护的宣传工作还需持续进行，且任重而道远。

5. 结语

俄罗斯是一个风景秀美、人文艺术气息浓厚的国家，当前俄罗斯在经济发展上确实处在一个比较困难的时期，而我国在改革开放以来，国内社会的关注焦点普遍偏向于欧美西方国家，对于俄罗斯这位北方近邻的关注较少，国内各领域的学者也往往忽视了对俄罗斯的研究。然而，就环境与资源保护相关法律制度而言，俄罗斯立法所采用的法典化立法模式，以及特色的生态警察制度，对于我国生态环境与资源保护应具有一定的参考和借鉴价值。

参考文献：

[1]张建华.《俄国史》，人民出版社2006年版，第252～376页。

[2]《俄罗斯联邦环境保护法》，2005

[3]《俄罗斯联邦水法典》，1995

[4]《俄罗斯联邦土地法典》，1992

[5]《中华人民共和国土地管理法》，2016

[6]参见自俄罗斯联邦政府官网：http://government.ru/gov/，政府结构

[7]参见自中华人民共和国环境保护部官网：

http://www.mep.gov.cn/gkml/hbb/qt/200910/t20091030_180584.htm，

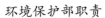

环境保护部职责

[8]李峰. 俄罗斯自然资源利用和生态安全国家监督体制[J]. 全球科技经济瞭望, 2003（6）：39-39.

[9]王国琦. 俄罗斯环境警察[J]. 人民公安，2007（19）.

[10]屈振辉. 中国环境法的法典化问题研究[C]// 2003年中国环境资源法学研讨会. 2003：120-123.

[11]李明明，刘雁. 中国与俄罗斯环境保护法规的比较研究[J]. 黑龙江环境通报，2012（2）：5-8.

[12]刘向东. 俄罗斯生态警察建设及经验教训[J]. Quanqiu Keji Jingji Liaowang，2004（11）：59-62.

俄罗斯生态保护建设成果研究

刘柯江　北京理工大学生命学院

摘要：生态文明问题融社会、经济、生态、制度于一体，具有全球性、综合性和复杂性的特点，借鉴外国的经验和教训可以少走弯路。对中国而言，俄罗斯建设生态文明的经验相对来说更具有针对性，因为俄罗斯有些地区在地理位置上与中国的纬度或经度相同，并且中国经历了与俄罗斯相似的计划经济和改革。此外，俄罗斯共有森林面积7.635亿公顷，人均森林面积5.2公顷，是世界上森林资源第一大国。森林工业在俄罗斯的国民经济和社会生活中依然占据重要地位，俄罗斯有着相对完善的保护政策。中国国土辽阔，森林资源少，森林覆盖率低，地区差异很大。全国大部分森林资源贫乏且存在较为严重的森林资源利用不合理现象，给我国的可持续发展战略带来严重挑战。本文从俄罗斯的生态企业、俄罗斯的林业教育、俄罗斯的生态教育三个层面，对俄罗斯的植被生态文化展开探索，尝试总结俄罗斯的生态文明建设经验及其对中国生态文明建设的启示，以期为实现"美丽中国"的美好愿景提供一种新的思路。

关键词：生态；植被；保护；教育

　　俄罗斯是资源大国，也是工业大国。她所拥有的丰富自然资源为她的经济发展提供了充足的物质基础；她的工业生产，尤其是重工业和军事工业，对自然环境和自然资源造成的污染和破坏又是严重的[1]。

1. 俄罗斯的生态企业

据俄罗斯科学院市场问题研究专家们估计，50%～70%的企业其生态状况是危险的。生态市场上每年约有70亿吨"三废"生成，得到利用的仅占28%。在原有的垃圾场上还有80亿吨的垃圾（其中，16亿吨属于有危险性的垃圾和有毒物质）。日用垃圾每年增长1.4亿立方米，加工回收的仅有3.5%，其余的就运到垃圾场。该场地已占去了1万公顷市郊地。此外，还有无数个擅自堆放的大小不一的垃圾场。在垃圾场年大气降水形成的径流量约为3 500万立方米，这些未经处理的污水对环境造成极大的危害。此外，还有好多净化水设施年久失修，已经老化，亟待更新。从俄罗斯环境现状可以看出，俄罗斯的生态市场必然出现增长势头。1996年相关数据显示，有近一半的空气污染是由交通运输造成的，23%是开采石油时燃放的废气造成的，还有别的污染源。从另一方面来看，沼气的使用在农村已有了初步的经验，有迹象表明，对此类装置的需求将会形成一定的规模[1-3]。

当前，在国家资金短缺的情况下，涉及不是很严重的生态问题时，通常就被列入次要计划。在20世纪六七十年代，费了许多周折建立起来的保护自然和居民身心健康的机构已经解散。现在每个企业都要自己解决自己的问题（诸如按标准排放有毒物质，对"三废"进行净化处理等）。如果企业没有按标准规范自己的行为，就要受到罚款处理。所罚款项作为生态基金，然后再返还给企业。也就是说，企业对环境造成的污染越厉害，企业划拨的治理污染费用也就越高，这里的缺陷是很明显的。统计资料表明，企业支付罚款要比它引进生态洁净技术更为有利。俄罗斯现在有400多家从事各种环保设备生产和服务的单位[3]。

为了发展环保服务市场，对各种企业和国家环保机构的工作进行有效的调节，就必须建立起相应的信贷—预算拨款体系。预算拨款的资金来源：除地方行政管理预算外，还有生态基金、生态保险金和发行的债券，对地方生态基金的均衡分布应作适当调整。据了解，俄罗斯工程科学院和工业商业厅已研究起草了组织和管理生态企业活动的构想。在该构想中，建议政府运用法律和金融经济手段支持环保产业活动[1-3]。

2. 俄罗斯的林业教育

俄罗斯的林业教育已有200多年的历史。早在1803年，在皇宫村就批准建立了林业实习学校。它是俄罗斯最早的圣彼得堡国立林业技术学院的前身。从历史上看，俄罗斯的高等教育，包括高等林业教育，是在德国高等教育的基础上发展起来的。在200多年的历史过程中，俄罗斯的林业教育事业不断发展壮大，在俄罗斯林业和国民经济建设中发挥了重要作用。然而，苏联的解体，整个社会经济状况的混乱和衰败，使俄罗斯林业教育事业的发展受到了严重影响，教育体系遭到破坏。进入21世纪以来，随着整个人类社会的进步，政治、经济迅速发展，世界问题加剧，科学技术迅猛发展，引起了俄罗斯政府和林业教育工作者对国家林业教育问题及未来发展的认真思考，他们认识到高等教育应是俄罗斯未来最关心的问题，这也给俄罗斯的林业教育事业带来了新的机遇和挑战[4]。

俄罗斯林业教育是以圣彼得堡国立林业技术学院、莫斯科国立林业大学、瓦洛涅日国立林业技术学院、乌拉尔国立林业技术学院等为主要力量，培养林业领域各个方面人才的摇篮。这几所林业高等院校设立了很宽的专业范围，包括林业（森林经理、森林生态与环境保护、种苗学、遗传育种、造林、森林资源研究、森林更新、森林保护、遥感、防火等），园林（园林学、景观设计、装饰艺术、工业与民用建筑的生态安全），森林工程（储木场、运材路的设计建设与开发），木材加工工艺（木材加工生产工艺、房屋建筑、木材保护、家具设计、木质房屋的设计与建筑），木材化学（森林化学工艺、水解与微生物工业、纤维造纸、植物聚合物、产品合格检验），森林综合体的机器和设备，信息系统，经济与管理，标准化与合格检验，自动化生产和人类活动的安全性等。除主要的林业专业外，不同的学校根据自身和地域特点还设立了一些特殊专业。例如，在圣彼得堡国立林业技术学院设有木质乐器工艺专业、水上作业（木材停泊场）及狩猎专业，在莫斯科国立林业大学还设有军事专业等[5]。

目前，俄罗斯全国有37所国立大学能够培养林业领域的专业人员。1999年统计，林业领域的大学生共有33 000多人，其中，有2 000多名学生来自独联体的其他国家以及世界其他各国。现在俄罗斯高等教育的形式多种多样，以全日制学生为主，还有函授教育、夜大教育。为了适应社会对林业领域人才需求的逐渐增加，学校招生人数也逐年增加。以莫斯科国立林业大学为例，2000年的在校生总数比1997年增加了35％。俄罗斯全国共有10个林业研究所和18个试验站，拥有职工1 867人。此外，俄罗斯科学院和各高等院校还有1 000多人从事林业科研工作。俄罗斯的林业科研单位是按不同地域、气候、地理条件和植被类型设置的，分布于全国各地。例如，设在莫斯科郊区的林业研究所侧重于森林资源研究，设在南方的研究所则重点开展山地森林生态研究[2]。

3. 俄罗斯的生态教育

俄罗斯已在中小学实施持续生态学教育。树立正确的生态观是可持续发展的先决条件，因此在我国学校普及生态学教育是必要的。生态学教育是树立生态观、建立生态文化的保证，生态学教育是实现可持续发展的必由之路。中国的生态学教育应该借鉴俄罗斯的生态学教育思想、观念和方法。1974年，苏联教育部决定在普通中学和中等专业学校开设生态学课程。苏联解体以后的几年内，俄罗斯中学仍然沿用苏联时期的教材。1995年俄罗斯出版了第一本中学《生态学》教材，两年后接连出版了中学和中等专业学校10(11)年级《生态学原理》《生态学》等不同版本的教材。此外，还出版了教学参考书《植物生态学》《动物生态学》《人类生态学——健康文化》等。生态学知识还穿插于《自然科学》《自然——生物学和生态学入门》《生命活动安全》《地理》和《生物》等课本中[5]。

俄罗斯第一高校国立莫斯科罗曼诺索夫大学在生态教育方面更是做出了突出贡献，建有两个大型生态站。其中兹维尼格勒生态站最早兴建于1905年，1945年起隶属于国立莫斯科罗曼诺索夫大学生物学院，据莫斯科市区直线距离50千米。该生态站面积广阔，植被覆盖率高，同时毗邻莫斯科河上游，生物多样性及生态环境十分适宜开展动植物基础研究及生态学领域的研究。生态站设施完善，建有教室、课题室、动植物博物馆、图书馆及相关生活设施，能够容纳300余人同时学习、生活。每年莫斯科大学生物学院新生须在此学习、生活70天，开展生命学科领域基础课题能力、科研实践能力等方面的训练。近年来，该生态站还成为莫斯科大学生物学院开展国际交流的一个重要平台。

由此可以看出，俄罗斯高校对生态教育的重视。此外，俄罗斯许多著名生态馆、植物馆隶属于高校，由高校对其负责。这也方便学校学生对其进行考察研究。这极其高效地提高了学生对生态保护的意识，以此为基础，进而提高全国人民的环保意识。

4. 结论与启示

分析俄罗斯生态教育、林业教育的历史与现状，结合国际高等教育的发展趋势，可见俄罗斯教育未来发展趋势基本有以下几个方面：

（1）举全国之力办学。

继续通过政策和资金的控制与投放来促进林业高校的建设和发展。同时，通过调动工业企业及个人的积极性，促进其与高校的合作。

（2）教学多样性。

对培养目标、入学条件、学校结构、课程内容、课程类型及其学习期限、教学方式方法、教育技术以及从事高校教学工作的人员等方面都不断进行调整。

（3）扩大教育规模。

不断扩大招生，同时将增加林业院校。高校中学生成分多元化，包括博士生、硕士生、本科生、半工半读学生、来自林业企业的再培训人员、工作几年以后再进入高校学习的成年人等。

（4）教育与科研及就业挂钩。

教学与科研的密切结合，同时根据市场的需要，开发有竞争力的科研项目，获得高新技术成果是林业高等院校科研工作的主要内容。

（5）提高国际化、信息化。

加强跨国科研、国际合作等将得到加强；各种类型高等教育机构间的频繁合作及伙伴与网络关系，将本国林业教育纳入世界高等教育体系之中。在知识经济时代和信息社会，信息化将成为俄罗斯未来林业高等院校现代教学手段的重要组成部分，也是其教育改革的当务之急[7-10]。

俄罗斯百余年的生态保护经验和教训，对中国而言是一座值得挖掘的宝藏。俄罗斯的生态文明主要表现在生态理念、生态政策和生态教育等方面[11-12]。生态理念包括生态哲学、科学技术观和社会制度等；生态政策主要有较完善的生态立法体系、环保优先原则、生态税收制度、生态保险制度、生态鉴定制度；生态教育具有全民性和综合性，渗透贯穿于不同的教育阶段和领域。俄罗斯的生态文明启示我们，在建设中国生态文明时，要确立生态文明导向，完善生态法律制度，确保生态优先。

参考文献：

[1]翟真.俄罗斯的生态文明及其对中国的启示[J].思想战线，2013，39（4）：149-156.

[2]佚名.俄罗斯林业.2014.

[3]孙托宁，包玉华.俄罗斯保护环境资源的法律措施[J].黑龙江省政法管理干部学院学报，2000（2）：99-101.

[4]于伸，毛子军.俄罗斯林业教育现状及发展趋势[J].中国林业教育，2004（4）：70-72.

[5]王顺庆.从俄罗斯生态学教育中我们借鉴些什么？[J].Siberian Studies，2006，33（1）：55-59.

[6]殷咏天.俄罗斯生态环境建设与保护[J].生态文化，2001（2）：59-60.

[7]李逸洲.改善生态环境需要国际社会共同努力[J].2013.

[8]闫长安.俄罗斯城轨交通的环境保护要求[J].现代城市轨道交通，2004（2）：51-52.

[9]许源远.苏联大城市的环境保护措施[J].俄罗斯研究，1987（5）：

52-56.

　　[10]王韶华，苏颖，李贵宝.中国环境保护法与俄罗斯联邦环境保护法的对比[J].环境科学与管理，2007, 32（1）: 21-24.

　　[11]高旭缅.俄罗斯的生态环境保护[J].全球科技经济瞭望，1998（8）.

　　[12]姜振军.俄罗斯保护生态安全的措施分析[J].俄罗斯中亚东欧研究，2007（6）: 8-15.

俄罗斯、加拿大高等教育发展特点分析

刘柯江　北京理工大学生命学院

摘要：俄罗斯"国际化——本土化"教育改革具有深刻的政治和经济社会的背景，与政治体制的"国际化——本土化"转型、经济体制的"国际化——本土化"转型紧密相连。同样，加拿大高等教育发展也具有本土化和国际化特点，其本土化具体表现为各省拥有办学自主权、政府实行对学位授予权的公共垄断、大学高度自治、院校管理制度灵活、大学层次的有限差异与社区学院层次的日益分化、首创合作教育、大力发展高职教育等。俄罗斯、加拿大的高等教育符合当前世界经济环境，很有活力，对当今我国进行高等教育改革具有极其重要的启示意义。

关键词：俄罗斯；加拿大；高等教育发展；本土化；国际化；改革

大学的办学特色已成为学校赖以生存和发展的主要因素。如何提升我国大学整体办学质量和办学实力？研究和借鉴国外著名大学办学特色经验不失为一条较好的途径。

如今，俄罗斯的世界科技大国地位与它一贯重视教育并有一套完整严密、标准严格、行之有效的教育制度是密不可分的。苏联时期，其国民受教育水平就在世界各国当中名列前茅，形成了独具特色的教育体制，在国际上享有一定的声誉。通过吸纳、移植和借鉴俄罗斯高等教育体制在社会转型时期的改革，对中国高等教育改革大有裨益。

加拿大高等教育管理不存在全国性的单一体系，而是由联邦政府参与，省一级政府为主导的独特体系。加拿大联邦政府没有设置教育部或高等教育部，但仍在高等教育发展过程中一直起着主要作用，真正在协调高等教育方面起核心作用的是省一级政府。通过中加两国高等教育模式多方面的比较，找到中国高等教育的不足之处。并借鉴加拿大诸多成功的发展经验，让中国的高等教育发展走得更快更好[1-3]。

1. 高等教育国际化、本土化的特点

1.1 俄罗斯高等教育国际化、本土化的特点

苏联解体后，叶利钦在经济上实行以私有化为核心的"休克疗法"，在政治上选择了西方式的民主制。俄罗斯的教育改革如社会改革一样，走上了一条"西化"之路。2000年，普京反思"西化"教育改革带来的弊端，加强了国家在教育中的作用，强调教育的"本土化"。梅德韦杰夫作为"普京路线"延续的最佳人选，自然在教育改革中依然走"普京路线"，但他不希望只是沿袭，更渴望创新。

1.1.1 叶利钦时期的"西化"教育改革

20世纪90年代，俄罗斯经济的衰落态势影响了教育经费的投入。由于俄罗斯社会生活和经济状况动荡，政府拨款严重不足，使教育事业步履维艰。"国家大力投资教育"的法规只不过是一纸空文。

1.1.2 普京时期的"本土化"教育改革

教育作为"软国力"，其作用是难以估量的。普京曾经提到应该实行国家教育标准，建立国家教育委员会，统一规划和管理全国的教育事务。俄罗斯教育系统发展的新阶段始于2003年9月，以原教育部长弗拉基米尔·菲利波夫宣布俄罗斯已经准备好成为博洛尼亚进程参与国为标志。此举的目的，是要达成教育的开放性及提高教育的竞争能力。承认博洛尼亚宣言，意味着俄罗斯已融入世界教育空间。

1.1.3 梅德韦杰夫时期的教育改革

梅德韦杰夫认为，国家不能只是靠能源出口振兴经济，未来的创新型经济需要形成培养骨干力量的新体系。这种体系需要吸引更多天才的、有创造性的专业人员加入国家和市政管理机构，参与商业活动。普京实施的是

"可控的民主"，加强控制地方的"本土化"。政治体制转型影响国家教育体制的管理。从现任高层领导的"梅普组合"来看，国家教育政策仍具有延续性，持续着"本土化"的教育现代化路线[1]。

1.2 加拿大高等教育本土化的特点

1.2.1 省拥有办学自主权与政府对学位授予权的公共垄断

加拿大高等教育经费的90％以上来自公共资金，基本上是政府举办的公立高校，但中央政府不设教育部，主要靠教育部长理事会协调各省教育政策，以宪法形式赋予各省对高等教育的管理权，因此各省办学自主权有名有实，在制定高等教育方针、计划以及向各校拨款等事务上各负其责，极大地增强了各省对高等教育管理的积极性。

1.2.2 大学高度自治，院校管理制度灵活

加拿大的大学基本是公立综合性大学，联邦政府在科研资助方面采取与绩效挂钩的资助政策，不同的大学由于实力和条件各不相同，获得联邦科研资助的水平差距也日益悬殊，加之各省经济水平、文化传统、民族结构等方面的差异，因此加拿大大学越来越多样化。

1.2.3 首创合作教育，大力发展高职教育

体现教育与经济发展的协调性与适应性，加拿大是最早提出合作教育的国家。1957年，滑铁卢大学首创了合作教育，经过50多年的发展，现有一半以上的大学和相当多的社区学院或专业学院设有合作教育课程，并且合作教育从本科向专科阶段和硕士阶段延伸[4]。

2. 职业教育特色

2.1 俄罗斯的职业教育特色

俄罗斯高等职业教育管理体制改革作为高等教育体制改革中的重要组成部分，从苏联解体后就一直在进行，改革的重点主要是增强学校的民主权，扩大高等职业教育资金来源渠道，明确中央和地方政府职责。改革既取得了一定的成绩，又存在一些问题。这对我国高等职业教育管理体制改革起到了借鉴作用并提供了一些启示。

2.1.1　改组重建行政管理体制

1996年，俄罗斯联邦政府改组了中央一级的教育行政管理机构，将高等教育委员会与教育部合并为普通教育与高等职业教育部，以协调管理各级各类教育。扩大地方政府与学校的自主权，在高等职业教育实施体系建设方面，俄罗斯建立了一系列社会高等职业教育体系，形成多层次的终身教育体系，作为高等职业教育实施体系的重要组成部分。

2.1.2　管理职能实行分级管理

俄罗斯高等职业教育改革的另一个方面是实行分级管理。俄罗斯高等职业教育管理机关主要负责全国高等职业教育的宏观管理，各联邦主体一级高等职业教育行政部门的职能是制定并贯彻不与联邦教育政策相抵触的高等职业教育政策；安排地方高等职业教育管理机构和高等职业教育机构的经费拨付，在物质技术保障方面向他们提供中介服务等。

2.1.3　实行民主管理

多渠道筹集资金。俄罗斯主张在经费拨付上实行逐年增长的方法，同时支持并鼓励社会团体、个人创办高等职业教育，高等职业教育可以根据自身发展收取适当的学费和培训费，而且可以在完成常规教学任务的基础上开展生产经营活动[5、6]。

2.2　加拿大的职业教育特色

加拿大的职业教育培训主要是由社区学院和私立学院提供，他们同时提供大学一、二年级的课程。这些课程的学分大多被大学认可，学生毕业后可直接升入大学。社区学院重点是为本社区的经济事业发展所需培养人才，他们的经费45％～80％由省教育厅提供。加拿大全国社区学院联合委员会负责监督和检查全国各私立学院的教学，确保统一规定的优秀质量。

3.　远程教育

3.1　俄罗斯的远程教育

3.1.1　俄罗斯远程教育教学及其组织结构的基本类型

（1）远程教育教学的基本类型。

教学过程中利用的教育方式、方法的总和，是远程教育教学类型重要的一体化因素。以师生通信方法为标准，这些基本类型可以分为：学生与教育资源互动的培训方法；个别教育与培训的方法；为学生、教师或专家提供教学资料的方法；在教学过程中所有参加者之间积极互动（多对多培训）的方法。

（2）远程教育组织结构的基本类型。

远程教育组织结构的基本类型包括传统大学函授（远程）教育的分支、大学财团、开放大学和虚拟大学等。远程教育组织的主要特征是大学的相互联合和广泛合作。

3.1.2　俄罗斯远程教育的技术

目前，已被利用的远程教育技术可以分为三大类：相互激活的相关资料（印刷资料、音像载体）、计算机培训资料（电子教科书、计算机练习与知识控制、最新多媒体资料）和电视会议（用音频、视频和计算机网络的通信方法）。

3.1.3　俄罗斯远程教育的培训

在俄罗斯教育体系中，Internet 技术向教学过程的有效渗入，不只是像许多高层（校长、副校长等）和中层（教研室主任、大学学院院长等）行政人员认为的，是教育机构对信息通信手段的利用，还是在新信息教育环境中对师生进行教育教学和技术培训[7]。

3.1.4　加拿大的远程教育

加拿大的远程教育与我国的广播电视大学系统不同，它们没有一个全国性的远程教育系统。一是在不少大学或学院开展远程教育。大学或学院的部分课程以远程教育的形式组织实施。普通教育里有远程教育。二是大学或学院专门为在职人员开展的远程教育。三是一些企业或其他机构以专业培训为主开展远程教育。

4.　结论及启示

根据俄罗斯及加拿大的教育特色，结合我国的国情，可探索出一条有中国特色的教育理念。我们可以从以下几个方面完善我国的教育制度。

4.1 大学办学理念是办学特色的核心要素

办学理念是大学的灵魂，是办什么样的大学、如何形成办学特色以及怎样办好大学的思想基础，也是创新高等教育的理性思考，是制约办学特色形成的核心要素。大学没有明确的办学理念就难以形成鲜明的办学特色。事实证明，一所大学一旦有了创新的办学理念就会找到适合自己的发展道路并求得相应的生存和发展空间。必须把握一定时期经济社会发展和高等教育改革的趋势，准确分析学校生存和发展的历史条件和背景，抓住历史性机遇。

4.2 学科和专业设置是实力的发展关键

学科和专业是大学组织的基本构成单元，是立足大学办学实力的集中体现，更是大学特色的具体化。因此，学科建设和专业建设是学校的发展关键。

4.3 扩大办学自主权，建立自主办学机制

扩大中国高校的办学自主权，建立高等学校自主发展机制是学校主动适应社会需求、遵循高等教育自身规律、探索办学特色的重要举措。为此，应在组织领导方面健全科学决策机制，在人事制度方面形成竞争机制，在分配制度方面强化激励机制，在学科与专业建设方面形成重点扶持机制，在办学实力方面形成自我积累机制，在产学研基地建设和合作办学方面形成共赢机制，努力形成自主发展的科学机制。

4.4 严进严出，保证教育质量

在中国，只要通过高考、进入大学，毕业肯定不成问题，这就造成大学"严进宽出"现象十分普遍。学生在大学没有学习压力，荒废四年时光，造成毕业出来的大学生整体素质能力下降。因此可以借鉴加拿大的经验。例如，加拿大实行的是"宽进严出"的政策，以保证毕业的学生具有较高的文化素质和较强的专业能力。由于国情的不同，中国可以采取"严进严出"的政策，以此为国家培养一大批有用的人才。想要提高培养质量，还需要学校有相应配套的软硬件。世界高等教育大会指出：质量已经成为高等教育中人们特别关注的部分，这是因为能否满足社会对高等教育的需要与

期望，最终取决于教学科研人员、课程与学生质量的高低，以及基础设施和学术环境质量的高低。所以加强高等教育投入，让高投产学研一体化发展，引进高质量的教师人才，才能够提高高校培养学生的质量[8-10]。

参考文献：

[1] 李雅君，梁鹏. 论俄罗斯"西化——本土化"及教育改革[J]. 教育评论，2010（6）：159-162.

[2] 时明德. 加拿大高等教育的突出特征[J]. 教育与职业，2007（5）：61-62.

[3] 谢晋，马水红，张新明. 中加远程教育比较与启示[J]. 河南广播电视大学学报，2006，19（4）：66-68.

[4] 冯翠玲. 论加拿大高等教育的特色及其借鉴[J]. 河南大学学报：社会科学版，2007，47（5）：137-141.

[5] 佚名. 加拿大高等教育——不同体系与不同视角[J]. 教育评论，2008（2）：106-106.

[6] 赵海燕，关辉. 加拿大高等教育的特色及其启示[J]. 江苏高教，2007（4）：141-143.

[7] 肖河. 俄罗斯远程教育的发展[J]. 江苏开放大学学报，2006，17（2）：31-34.

[8] 董红梅. 俄罗斯高等职业教育管理体制改革及对我国的启示[J]. 教师，2014（23）：12-13.

[9] 杨宾，庞海芍. 加拿大的高等教育及其启示[J]. 北京理工大学学报：社会科学版，2007，9（S1）.

[10] 贾心想. 转型期俄罗斯高等教育体制改革研究[D]. 天津工业大学，2011.

浅谈莫斯科地铁车站建筑风格与其文化背景之间的关系

窦文韬　北京理工大学生命学院

摘要：地铁作为城市公共交通的一个重要分支，其作用已经远远不止运输这一层面。随着地铁系统的日趋完善和不断发展，地铁文化越来越受到人们的关注，地铁站台的设计在照顾功能的同时，也更加注重艺术性。纵观全世界的城市轨道交通系统，莫斯科地铁可谓在艺术性上独领风骚，部分车站堪称地下宫殿、建筑艺术的典范。相比之下，我国国内的地铁站则大部分缺乏艺术性。本文将以5个地铁站为代表，浅谈莫斯科不同时期建设的地铁站台建筑风格与其历史文化背景之间的关系，并谈及地铁文化及铁路文化对城市文化及发展的意义，从而为我国地铁文化的发展提供思路。

关键词：地铁；铁路文化；建筑风格；地域文化

随着社会的发展，越来越多的城市开始兴建地铁。与之相关的一个重要内容就是地铁文化。地铁这种看似冰冷的公共交通系统，实际上非常适合也应该融入文化符号。地铁文化是以地铁运营设施设备和相关实物为载体的物质文化和具有地铁运营特色的思想文化的总和（刘广武，《地铁文化概念探讨》）。可以说，地铁文化是城市文明建设的重要延伸。同时，它也会对城市文化的发展起到推动作用。对于地铁文化而言，最为主要的两方面是地铁车站文化和地铁列车文化。

1. 莫斯科地铁文化

莫斯科地铁向来以其华丽而独特的站台建筑风格著称。可以说，莫斯科的每一个地铁站都是一座独一无二的建筑艺术品。站台建筑风格包含了乌拉尔山、阿尔泰、中亚、乌克兰、高加索地区等地的民族特色，同时还有以名人、历史事迹、政治事件为主题的地铁站。由于莫斯科最初兴建地铁时处于斯大林执政时期，当时的莫斯科有约400万人口，交通拥堵问题十分严重。因此，希望把莫斯科打造成无产阶级新罗马的斯大林，希望地铁能够成为工人阶级出门上班的最佳选择。此外，他更希望地铁可以成为意识形态的宣传工具。因此，莫斯科地铁中最为常见的主题是爱国主义教育主题。以革命广场站为例，该站立有以十月革命胜利和苏联红军反法西斯的主题雕塑，如冲锋陷阵的红军战士、驻守岗位的哨兵等。此外，莫斯科地铁还有许多以文豪命名的车站，如普希金站、屠格涅夫站、马雅可夫斯基站等。

赫鲁晓夫时期的莫斯科地铁发展进入了一个新的阶段。在之前的几期工程中，已经确定了莫斯科地铁"环+放射线"的结构，在新时期里，地铁的建筑风格逐渐向朴素过渡。这一时期修建的车站崇尚实用主义，讲求低成本和更高的完工速度。随着勃列日涅夫的上台，莫斯科地铁回归了其艺术层面的发展，不仅讲求实用主义、朴素元素、低成本原则，而且许多意识形态和艺术的元素也被考虑在了车站的建设中。而到了戈尔巴乔夫时代，由于经济的衰退，许多地铁站的工期被严重拖延。但从其设计思维来看却更加现代化、更有想象力。苏联解体后，莫斯科地铁更多成了建筑艺术与时尚潮流的舞台。本文将选取5个不同时期的莫斯科地铁车站，对其建筑风格与其历史背景的关系进行探讨。

1.1 斯大林时期——共青团站（Комсомóльская）

莫斯科地铁5号线共青团站是莫斯科地铁5号线（环线）乃至整个莫斯科地铁系统中最豪华、最著名的车站，于1952年1月30日建成开通，是莫斯科地铁和莫斯科整个城市的标志性建筑。它位于莫斯科市区东北部共青团广场，与莫斯科3个重要的火车站（彼得格勒火车站、雅罗斯拉夫利火车站和喀山火车站）紧密接驳，可谓莫斯科通往俄罗斯其他地区和出入欧洲其他国家的重要交通枢纽。令人惊叹的是，这个拥有如此重要交通地位的车站，其建筑水平也十分一流，而且可谓豪华。站台采用了大理石用作柱面材料，在站台穹顶采用了金黄色的涂装，吊灯的款式十分典雅。站台顶部每隔一段距离就有一副马赛克镶嵌画，其内容主要是爱国主义教育，有苏联士兵集结在旗帜下，有将领骑马统率大军，还有列宁在人群中演讲等内容。在该站的站台末端，有一副巨大的马赛克镶嵌画，其内容就是象征着共青团的镰刀、锤子、红旗。

共青团站建于斯大林时期，正是决策者希望将地铁作为缓解交通拥堵之外的意识形态宣传工具的时期。因此，其车站建筑风格主要以爱国主义教育宣传为主。

1.2　赫鲁晓夫时期——阿列克谢站（Алексеевская）

赫鲁晓夫，曾任苏联党和国家最高领导人，1953年当选党中央第一书记，在随后的1956年苏共二十大中，从根本上否认斯大林，并且在任期内实行了去斯大林化政策。在地铁车站建设上，这种政策也有所体现。虽然没有对斯大林时期的地铁三期工程奢华的建筑风格提出异议，但随后的车站建设风格与之前迥然不同。他要求车站的建设尽量遵循低成本、高工速的实用主义原则。在这一指导原则下，车站的建筑风格十分"简陋"，大多回归简朴。

莫斯科地铁6号线（卡卢加·里加线）阿列克谢站即为该时期所建，是一座深埋暗挖的三拱门廊式车站。尽管站台依旧使用了优质的地砖和石板，但车站却再也没有了斯大林时代的装饰元素，简朴到了极致。旅客们能够看到的只有光滑的弧形墙面和寥寥无几的线条装饰。不过从另一个角度来看，这种简朴实用的风格也能给人一种清爽的感觉。

1.3　勃列日涅夫时期——普希金站（Пушкинская）

1964年10月，勃列日涅夫在莫斯科发动政变，当时正在黑海度假的赫鲁晓夫因此被迫下台，从此苏联进入了又一个新的发展阶段。苏联在美苏争霸中军事力量大大增强，使苏联成为一个军事大国。而勃列日涅夫执政后期，由于在国内大搞个人崇拜，苏联在趋于保守的经济改革中发展慢慢陷于停滞。而这些也体现在了这一时期的地铁车站建设中。莫斯科地铁有许多以名人命名的车站，而其中又有许多车站是以著名文学家的名字命名的，如普希金站、契诃夫站。

这一时期的车站建筑风格不再像之前赫鲁晓夫时期那样崇尚朴素、低成本和"简陋"，在艺术和意识形态层面有所发展。在普希金站的站台上，人们又能看到华丽的吊灯和墙上的浮雕，车站也不再像之前建设的那样朴素了。可以说，勃列日涅夫时代的莫斯科地铁就像当时的苏联一样，再次进入了一个上升期。可以看出，这一时代的地铁车站建设就像是斯大林时期的一个延伸。

1.4 戈尔巴乔夫时期——门捷列夫站（Менделеевская）

1985年，戈尔巴乔夫成为苏联最高领导人。在其任期内，苏联的经济、政治、局势以及诸多领域进行了体制改革。社会环境进一步开放，因此地铁车站的设计也更具想象力、更具艺术性。这里，以门捷列夫站为例，进行说明。

门捷列夫站，是莫斯科地铁9号线（谢尔普霍夫—季米利亚泽夫线）的车站，同时还是9号线与5号线（环线）的换乘站。众所周知，门捷列夫是发明元素周期表的著名化学家。在门捷列夫站的站台上，除了大理石的站台柱和灰白色的穹顶之外，最引人注目的莫过于车站顶端的晶体结构吊灯了。该站所有灯光设施，包括站台中央吊灯、站台边缘吊灯等均采用了这种结构。每当旅客来到该站看到这些吊灯，都能够立即想起门捷列夫这位在人类化学史上做出杰出贡献的化学家。

尽管苏联末期经济非常糟糕，导致许多地铁线路和车站的建设受到了较大的影响，但莫斯科地铁车站的装修依旧保持着较高的水平。

1.5 新世纪——新科辛诺站（Новокосино）

苏联解体后，俄罗斯继承了苏联的国际地位、国家形象和国力。而莫斯科地铁同样进入了一个新的阶段。地铁车站的设计不再像以前一样受到中央政府思想的影响，地铁也不再是意识形态宣传的工具。更多的地铁车站设计成为艺术家和设计师的舞台。苏联解体后的莫斯科地铁发展可以以2000年为分界线。

2000年之前，受到苏联解体的影响，俄罗斯的经济尚处于恢复阶段。国力大大削弱。因此地铁车站的建设速度放缓，不过正如苏联末期的戈尔巴乔夫时期一样，其车站的建设水准丝毫没有受到影响。

随着进入21世纪，俄罗斯的国力也逐渐恢复。地铁车站的建设再次进入了一个新阶段。当代的时尚潮流和现代的艺术元素大量涌入，车站设计更加多元化。以新科辛诺站为例，这个车站几乎是新世纪莫斯科地铁设计水平的巅峰，备受喜爱。难以想象，一个车站建成后的实际效果与渲染图几乎一致。新科辛诺站的标志性设计是车站顶部的X型骨架。而该站的照明方式也非常特殊，LED灯将光打在事先预置好的金属板上，其反射回来的光可以遍布车站各处。整个车站的灯光效果极为绚烂。在该站开通当日，俄罗斯总统普京专门乘直升机前来，在该站乘坐地铁，莫斯科市长和地铁总裁也悉数到场陪同，足见该站的水平之高。

2. 北京地铁文化

视线转向国内。作为我国最先拥有地铁的城市，北京在地铁建设和文化发展的道路上也正在向前走。

朝鲜战争结束后，领导人决定修建地铁。当时的地铁以"战备为主、兼顾民用"为主旨。1965年，北京地铁一期工程开工，全线采用明挖深埋法，为此拆除了许多历史遗迹。在随后的发展中，北京地铁从最早的引进苏联模式逐渐转向自主发展模式。北京地铁建设较早的线路，如1号线、2号线，站台风格接近，多为苏式风格，不同的是1、2号线的许多车站都有含有相应文化元素的壁画。这些壁画大多以车站所在地的特色为内容。而进入新世纪后，新线路如5号线、6号线、8号线则大量开始融入文化元素。例如，6号线东四站将我国古代的雕梁画栋放进了车站装修中；8号线奥林匹克公园站融入了陶瓷的元素。北京地铁的站台设计并不像莫斯科地铁一样大多采用拱顶，但也加入了更多车站所在线路的代表颜色。

除了车站的建筑风格，地铁文化软实力的体现也同样重要。例如，由北京京港地铁有限公司（北京首都创业集团有限公司和香港铁路有限公司合资成立）运营的北京地铁4号线和北京地铁14号线均有大量相应的文化符号。例如，4号线"诗歌坊"、"儿童大学"、"美术馆"、"车站印章"等。相比之下，莫斯科地铁则缺乏这一类内容。归根结底，是二者巨大的文化差异造成的。可以说，二者没有孰优孰劣，而是各具特色，各领风骚。

3. 地铁文化对城市文化的意义

地铁文化，作为城市文化的延伸，每时每刻都在反映着城市的发展变迁和社会的前进状态。无论是人文精神、风土人情还是文化内涵，都属于城市文化的范畴。而这些也恰恰能够在地铁文化中找到踪迹。城市文化是地铁文化的根源和灵魂。而城市文化本身属于人类进化到城市生活阶段的产物，是城市人格化的表现。

地铁，作为城市发展的新产物，随之而来的便是地铁文化。可以说，地铁文化是城市文化的精髓和提炼。以莫斯科地铁为例，俄罗斯人在地铁建设的艺术和风格上投入了不少的精力。正因为如此，我们今天才能看到诸如共青团站、马雅可夫斯基站这样奢华的车站，这种人类建筑史上的典范。而事实上，修建地铁时用在车站装饰上的费用与修建地铁的全部费用相比可谓九牛一毛。一个有着丰富历史文化底蕴的城市，其修建地铁时随之产生的地铁文化可以将城市的形象大大提升；同时，地铁也是城市的一张新名片。

4. 总结

短短几十年，从战备需求到归为民用，从宣传工具到艺术舞台，莫斯科地铁的发展历程已经可以算作一个经典的案例。莫斯科地铁有一个特点，就是所有的车站都修在非常深的地下。据说，战争年间，许多人在地铁中避难，莫斯科有数千人就出生在此。多年来，地铁车站见证了人民遭受的苦难，也见证了历史的变迁。

参考文献：

[1] 刘广武. 地铁文化概念探讨[J]. 城市轨道交通研究，2011，14（3）：19-21.

[2] 冯明兵. 以城市文化为视角论地铁文化的价值[J]. 城市轨道交通研究，2012，15（10）：21-23.

[3] 章萍芳. 地域文化特色的地铁车站空间艺术设计研究[D]. 南昌大学，2008.

[4] 贾云平. 城市地铁文化建设研究[J]. 城市观察，2012（5）：32-41.